UTE C. FALLSCHEER

Trainingsbuch Fährtenarbeit

VOM ERSTEN SUCHFELD BIS ZUR ERFOLGREICHEN PRÜFUNG

MIT KOSMOS MEHR ENTDECKEN
EXTRA
Einflüsse & Probleme Lösungswege
SEIT 1822

KOSMOS

☞ Inhalt

5 Vorwort
6 Zu diesem Buch

10 WISSENSWERTES
11 Rund um das Fährtentraining
22 Interview: Physiotherapie für Fährtenhunde
26 Ausbildungs-Knowhow

50 TRAININGSAUFBAU SCHRITT FÜR SCHRITT
51 Trainingsaufbau
54 Ausrüstung, Futter, Gelände
63 Das Anfangsritual
64 Das Suchfeld
69 Ansatz
72 Schenkel (Geraden)
81 Geländewechsel
82 90°-Winkel und spitze Winkel (< 90°)
90 Fährtenabriss
91 Bogen (Halbkreis)
94 Gegenstände verweisen
104 Verleitung
111 Wegüberquerungen
113 Schwierigkeitsgrade einer Fährte
115 Kondition
116 Kurze Leine – lange Leine
118 Problemlöseverhalten

120 DIE TRAININGSFÄHRTE LEGEN
121 Den Verlauf der Fährte kennen
126 Checkliste Trainingsfährte
128 Auf der Trainingsfährte
130 Fallstricke beim Fährtelegen

132 KORREKTUREN
133 Zwischen Planung und Korrektur
140 Das Suchfeld
143 Die Futteraufnahme
146 Der Ansatz
150 Das Suchtempo
154 Auf der Geraden
160 Die Winkel
164 Gegenstände verweisen
169 Die Verleitung
171 Wegüberquerungen
172 Übersprungshandlungen

174 FÄHRTENPRÜFUNGEN
175 Prüfungsordnung
177 Prüfungsvorbereitung
180 Verhalten des Hundeführers
184 Die Bewertung

186 SERVICE
187 Nützliche Adressen
187 Literaturverzeichnis
189 Die Autorin
189 Dank
190 Glossar
191 Register
192 Impressum

Michael Tomczak mit Aik vom Rio Negro bei der Weltmeisterschaft IGP FH 2019 in Horni Briza, Tschechische Republik

VORWORT

Seit nunmehr mindestens 15 000 Jahren hat der Hund seinen besonderen Platz als Begleiter des Menschen. Aufgrund seiner außergewöhnlichen Fähigkeiten und Treue entwickelte sich der *Canis lupus familiaris* als erstes vom Menschen domestiziertes Tier zum unentbehrlichen Helfer und Freund.
Die Förderung und die Entwicklung von Gebrauchshunden und insbesondere von Fährtenhunden ist ein Kulturgut, das von vielen Hundesportlern erhalten und weiter gefördert wird.
Als Ute mich bat, ein Vor- oder Geleitwort zu schreiben, stimmte ich spontan zu. Nach Durchsicht des Manuskripts war ich begeistert. Endlich ein zeitgemäßes und kompetentes Handbuch zur Ausbildung im Bereich der Fährtenarbeit mit Hunden und zur Ausbildung von Fährtenhunden.
Für Profis und Fortgeschrittene ist dies ein Nachschlagewerk, für Anfänger eine strukturierte Anleitung. Für Nichteingeweihte stellt das Buch eine verständliche Eingangslektüre dar.
Insbesondere die Auflistung von möglichen Ausbildungsfehlern, deren Deutung sowie die Hinweise zur Behebung der Fehler ist hier rundherum gelungen.
Der Autorin wünsche ich, dass sich die Gemeinde der Hundefreunde dieses Werk für die Ausbildung zum Fährtenhund zu eigen macht und dem Anwender ein sicheres Gelingen bei der Ausbildung zum Fährtenhund.

Sprockhövel, den 28.08.2019

Michael Tomczak
— mehrfacher Weltmeister FCI IPO FH (Einzel, Mannschaft), Vizeweltmeister FCI IPO FH,
— mehrfacher deutscher Meister VDH IPO FH
— vielfacher Teilnehmer an Weltmeisterschaften (FCI) und deutschen Meisterschaften (VDH und dhv)
— Landesmeister DVG und SV

Aik: herausragende Leistungen über viele Jahre

ZU DIESEM BUCH

Bitterkalt, hart gefrorener brauner Acker, die beißende Kälte und der Wind treiben mir Tränen in die Augen. Ich sehe meine Hündin vor mir kaum noch. Diese läuft mit der Nase tief am Boden und folgt einer Spur, die ich nicht sehe und die sie, so finde ich, bei diesen Wetterbedingungen eigentlich nicht mehr riechen kann. Und plötzlich kommt meine Hündin mir entgegen. Durchgefallen – denke ich, denn ich befinde mich in einer Fährtenprüfung – und merke dann, dass sie die Nase unten hat, intensiv schnüffelt und knapp an mir vorbei zielgerichtet weitersucht. Sie ist noch auf der Fährte. Ich kann es kaum fassen, wie sie sucht und die Fährte findet und bin fasziniert und begeistert von ihr. Am Schluss stehe ich tränenüberströmt vor den Zuschauern und höre die Bewertung: 98 von 100 möglichen Punkten! Das ist die Qualifikation als Ersatzstarter zur Weltmeisterschaft. Und das mit einem kleinen Border Terrier. Ein unvergesslicher Augenblick.

Der Beginn des Trainings: Eine Fährte wird auf einem natürlichen Untergrund gelegt.

Solche Momente sind einzigartig, wiederholen sich aber immer wieder in kleinerem Maßstab beim Fährtentraining. Es ist faszinierend, was ein Hund mit seiner Nase alles wahrnehmen und leisten kann. Wer einen Fährtenhund bei der Arbeit sieht, ist beeindruckt, wie konzentriert er die Fährte verfolgt, auch wenn zwischen dem Legen der Fährte und dem Suchen schon einige Stunden vergangen sind. Nicht umsonst findet der Fährtensport immer mehr Anhänger. Ob allein oder in einer Trainingsgruppe, die Beziehung zum Hund wird durch das Training intensiver. Auch für viele stressgeplagte Zeitgenossen bietet die Fährtenarbeit die Möglichkeit, die Gedanken konzentriert auf die Sucharbeit mit dem Hund zu richten und alles andere eine Zeit lang zu vergessen.

Der Hund lernt, der Fährte mit tiefer Nase zu folgen.

WAS PASSIERT BEIM FÄHRTENTRAINING?

Lassen Sie mich kurz beschreiben, was ein Hund bei der Fährtenarbeit macht und was er eigentlich sucht. Alles fängt mit einem Fährtenleger an, der über einen Acker oder eine Wiese läuft. Im Fachjargon heißt das: Er legt eine Fährte. Zunächst kennzeichnet er den Anfang der Fährte mit einem Stab. Dann geht er über das Gelände.

Dabei zertritt er den Bewuchs des Geländes oder Erdkrümel. Diese Stellen riechen daraufhin anders als die Teile des Bodens, die der Fährtenleger nicht betreten hat. Der Fährtenleger läuft allerdings nicht einfach nur geradeaus, sondern er wechselt mehrmals die Richtung und er legt mehrere Gegenstände auf die Fährte. Nach einiger Zeit führt ein Hundeführer seinen Hund an den Anfang der Fährte. Dieser nimmt den Geruch des Bodens an dieser betretenen Stelle auf und kann dadurch dem Verlauf der Fährte folgen. Dabei hat er die Nase immer dicht am Boden. Ein gut ausgebildeter Fährtenhund bleibt trotz der Richtungswechsel direkt auf der Fährte und lässt sich auch durch Wind und Wetter nicht von dieser abbringen.

Er findet die Gegenstände und zeigt sie dem Hundeführer an, indem er sich davor hinlegt, hinsetzt oder stehen bleibt.

Eine Fährte kann auf alle natürlichen Böden gelegt werden, also z. B. unbearbeiteter brauner Acker, eingesäter grüner Acker, Wiese oder auch Waldboden.

Je nach Gelände ist eine Fährte für den Hund leichter oder schwerer zu suchen.

Der Hund verweist einen Gegenstand, indem er sich selbstständig davor hinlegt.

Wer will, kann sich in der Fährtenarbeit mit anderen Hundeführer-Hunde-Teams messen, und an einer der zahlreich angebotenen Prüfungen teilnehmen.

FÜR ALLE HUNDE GEEIGNET

Fährtenarbeit ist für den Hund anstrengend, auch wenn es zunächst nicht so aussieht. Die Arbeit mit der Nase fordert den ganzen Hund, sowohl in seiner körperlichen Leistungs- als auch in seiner Konzentrationsfähigkeit. Bei aller Anstrengung sind die Hunde bei einem geeigneten Trainingsaufbau äußerst motiviert, die Fährte zu suchen. Es macht ihnen Freude und sie sind mit Feuereifer dabei. Die Fährtenarbeit war ein Teil der ehemaligen Schutzhundeausbildung für Gebrauchshunde. Lange Zeit wurden daher nur spezielle Hunderassen wie u. a. Deutsche und Belgische Schäferhunde, Hovawarte, Riesenschnauzer, Airedaleterrier in der Fährtenarbeit trainiert. Inzwischen ist die Fährtenarbeit nicht nur ein Teil der Vielseitigkeitsprüfung, sondern auch eine eigenständige Hundesportart. Es werden seit einigen Jahren Hunde aller Rassen und auch Mischlinge mit Erfolg zu Fährtenhunden ausgebildet. Inzwischen bedeutet ein erfolgreiches Fährtentraining immer auch ein an den jeweiligen Hund angepasstes Training. Daher finden Sie in diesem Buch die Beschreibung in der Praxis bewährter Trainingsmethoden zur Ausbildung eines Fährtenhundes, zusätzlich aber auch die theoretischen Grundlagen, die hinter diesen Methoden stehen. Dadurch können Sie das Training Ihrem Hund anpassen und es selbstständig aufbauen.

AUFBAU DES BUCHES

Das Buch wurde geschrieben, um Hundeführern die Vorgehensweise zur Ausbildung eines Fährtenhundes zu beschreiben, aber auch, um zu erklären, in welchen Fällen und warum dieses Vorgehen sinnvoll ist. Dadurch kann der Hundeführer in den unterschiedlichsten Trainingssituationen auf seinen Hund angemessen und sinnvoll reagieren. Wenn der Hundeführer die theoretischen Grundlagen einer Hundeausbildung und speziell der Fährtenhundausbildung kennt und anwendet, erspart er sich viel unnötiges Experimentieren im Training.
Zentrales Element des Fährtentrainings ist die Trainingsfährte. An ihr entscheidet sich häufig die Qualität der Ausbildung. Wie wird sie sinnvoll gelegt, ohne den Hund zu über- oder unterfordern? Was ist an einer Fährte schwer, was leicht, wenn der Hund sie sucht? Je jünger der Hund ist, desto sorgfältiger sollte die Trainingsfährte geplant und gestaltet werden.
Die Fährte soll so gelegt werden, dass der Hund sie möglichst fehlerfrei finden kann.
Der Aufbau des Buches folgt dem logischen Aufbau des Trainings: Wissenswertes zum Fährtentraining allgemein, die Grundlagen der Ausbildung, das Vorgehen im Training, das Legen der Trainingsfährte, die Korrekturen im Training, die Prüfungsvorbereitung sowie Fallstudien und viele Beispiele. Ein besonderes Kapitel ist das Kapitel über Korrekturen. Schlagen Sie hier nach, wenn Ihr Hund im Training ein Verhalten zeigt, das Sie nicht wollen. Falls Ihnen beim Lesen thematische Wiederholungen auffallen, sind es wichtige Grundsätze der Fährtenhundausbildung, die in unterschiedlichen Zusammenhängen immer wieder von Bedeutung sind.

Und zum Schluss eine Bitte an die Leserinnen. Bei den im Weiteren genannten Personenbezeichnungen wird jeweils nur die männliche Form, wie z. B. Hundeführer, Helfer oder Leistungsrichter benutzt. Das Buch wird dadurch leichter lesbar. Bitte haben Sie dafür Verständnis. Sie sind in jedem Fall ebenso gemeint.

Viel Spaß beim Lesen und danach beim Training mit Ihrem Hund.

Ihre Ute Fallscheer

Ziel der Ausbildung: ein selbstständig suchender, motivierter und genau arbeitender Fährtenhund.

WISSENSWERTES

— *Vom Aufbau der Hundenase bis zum Konditionstraining*

RUND UM DAS FÄHRTENTRAINING

Beim Suchen einer Fährte setzt der Hund in erster Linie seine Nase ein. Wir Menschen können uns nur schwer vorstellen, wie empfindlich eine Hundenase auf Gerüche reagiert. Zwar riechen wir den Unterschied zwischen einer nicht gemähten und einer frisch gemähten Wiese, aber wir können nicht den Unterschied zwischen den betretenen und nicht betretenen Bereichen einer Wiese riechen. Es ist wichtig, dass Sie eine möglichst genaue Vorstellung davon haben, wie und was ein Hund beim Fährtentraining riecht. Denn so können Sie das Training Ihrem Hund entsprechend aufbauen. Und da jeder Hund eine eigene Persönlichkeit hat, geprägt u. a. durch seine Rasse, ist diesem Thema ebenfalls ein Abschnitt gewidmet. Abgerundet wird dieses Kapitel mit wichtigen Informationen zur Gesundheitsvorsorge bei einem Fährtenhund und rechtlichen Aspekten zum Fährtentraining. Wir bewegen uns im Training ja meist nicht auf unserem Eigentum, sondern auf den Äckern und Wiesen von Landwirten. Lesen Sie diesen Abschnitt, bevor Sie Ärger mit dem Landwirt oder Jagdpächter bekommen, auf dessen Flächen sie gerade mit Ihrem Hund trainieren.

„Nichts ist praktischer als eine gute Theorie“ Todor Kaman

ATMEN, RIECHEN, SCHNÜFFELN, HECHELN

Wie bereits erwähnt, ist die Nase das wichtigste Organ des Hundes beim Suchen. Neben der lebensnotwendigen Funktion, Sauerstoff durch die Nase aufzunehmen, erwärmt sie die eingeatmete Luft, befeuchtet diese und filtert sie. Zudem nimmt der Hund seine Umwelt sehr stark durch die Nase wahr. Im Vergleich zu der menschlichen Riechleistung kann ein Hund wesentlich feinere Gerüche und Geruchsunterschiede wahrnehmen.
Diese Gerüche seiner Umwelt haben für ihn eine sehr große Bedeutung. Sie liefern ihm Informationen über andere Hunde, Futtergelegenheiten u. v. m.

Die Hundenase: bis zu 500 Millionen Riechzellen

Der Hund sucht eine Fährte, die ein Mensch häufig nicht direkt wahrnehmen kann.

Wir Menschen können diese Geruchseindrücke des Hundes nicht direkt wahrnehmen. Wir sehen nur ihre Auswirkungen an seinem Verhalten. Das bedeutet für die Fährtenarbeit: Ein Hundeführer riecht nicht das, was sein Hund riecht. Und was der Hundeführer sieht, ist nicht das, was der Hund riecht.

Das kann bedeuten, dass eine Fährte, die der Hundeführer gut sehen kann, eventuell für den Hund sehr schwer zu riechen ist und umgekehrt. Ein Hundeführer kann daher nur durch Überlegung und fachliches Wissen einschätzen, was sein Hund riechen kann.
Letztlich sieht der Hundeführer nur aus der Reaktion seines Hundes, ob sich an einer Stelle ein Geruch befindet, den dieser wahrnimmt. Doch wie geschieht das und wie ist der Zusammenhang zwischen Atmen und Riechen?

ATMEN

Zunächst dient die Nase zum Ein- und Ausatmen. Die Luft streicht an der feuchten Nasenschleimhaut vorbei und erreicht am Schluss die Lungen. Dadurch wird der Körper mit Sauerstoff versorgt. Das Ausatmen geschieht meist ebenfalls durch die Nase, dabei atmet der Hund verbrauchte Luft, also CO_2, ab.

RIECHEN

Beim Atemvorgang werden Geruchsteilchen, die sich in der Luft befinden, eingeatmet. Ca. zwei Prozent der eingeatmeten Luft erreicht jene Nasenbereiche, in denen sich Riechzellen befinden und die die Geruchsteilchen binden können. Das dadurch in den Riechzellen ausgelöste Signal wird an das Gehirn weitergeleitet und dort verarbeitet. Die Riechfähigkeit eines Hundes verringert sich stark, wenn die Nasenschleimhaut ausgetrocknet ist. Ein Hund hat nicht nur eine viel größere Anzahl von Riechzellen als ein Mensch, auch die Auswertung der Informationen im Gehirn ist viel detaillierter. Dadurch ist die Geruchsempfindlichkeit des Hundes weitaus größer als beim Menschen und er kann wesentlich feinere Geruchsunterschiede wahrnehmen. Die Geruchsmoleküle in der Luft müssen eine bestimmte Konzentration aufweisen, damit der Hund sie wahrnehmen kann. Diese Konzentration der Geruchsmoleküle

einer Fährte ist unter anderem vom Fährtengelände und der Witterung abhängig. Die Geruchsempfindlichkeit auf spezielle Gerüche kann im Jugendalter besonders gut gefördert werden. Dies kann man in der Ausbildung nutzen, indem man dem Hund relativ früh Fährten oder Suchfelder in unterschiedlichem Gelände legt. Die Fährte sollte bei einem unbekannten Gelände für einen jungen unerfahrenen Hund sehr leicht zu suchen sein. Er soll die neuen Gerüche und Geruchsunterschiede kennenlernen und nicht durch zusätzliche Schwierigkeiten abgelenkt werden.
Der Hund hat ein weiteres Riechorgan im Bereich des Gaumens: das Vomeronasalorgan. Dieses kann Pheromone, innerartliche Botenstoffe, wahrnehmen. Die Signale des Vomeronasalorgans werden unbewusst wahrgenommen und lösen beim Hund Emotionen aus. Dies sind z. B. Duftstoffe einer läufigen Hündin, die Sexualverhalten auslösen, oder Signalstoffe beim Urinieren, die über Sympathie und Antipathie und soziale Kontakte Auskunft geben. Klappert Ihr Rüde am Wegesrand mit dem Gebiss, hat er vermutlich die Duftspur einer läufigen Hündin durch das Vomeronasalorgan wahrgenommen und ist entsprechend erregt. Das kann ihn beim Training stark von der Sucharbeit ablenken. Er muss lernen, trotzdem intensiv zu suchen.

SCHNÜFFELN

Ein Hund kann neben der normalen Atmung, bei der er sowohl durch die Nase als auch durch das Maul ein- und ausatmet, die Geruchswahrnehmung steigern, indem er schnüffelt. Dadurch erreichen die Geruchsmoleküle weitere Riechzellen in den oberen Bereichen der Nase. Die Nase wird dadurch noch empfindlicher für Gerüche. Der Hund atmet die Luft in kurzen Zügen durch die Nase ein, bewegt sie mehrmals in der Nase hin und her und atmet sie stoßweise durch die Nase aus. Interessanterweise ändert sich die Art der Schnüffelatmung in Abhängigkeit von der Konzentration der Geruchsmoleküle. Bei einer sehr niedrigen Konzentration (sehr feiner Geruch) erfolgt das Ausatmen durch das Maul. Dadurch werden die Geruchsmoleküle an der Nasenschleimhaut angereichert. Ein geöffnetes Maul kann daher ein Hinweis auf ein besonders intensives Suchen einer schweren Fährte sein. Bei einer hohen Konzentration hingegen (eventuell ein starker Geruch) atmet der Hund stoßartig durch die Nase aus und reinigt dadurch seine Nase.
Beim Schnüffeln sind häufig ruckartige Bewegungen der Atemmuskulatur zu beobachten.

Der Hund kann atmen, riechen, hecheln, schnüffeln.

HECHELN

Mit dem Schnüffeln nicht zu verwechseln ist das Hecheln, das dem Temperaturausgleich des Hundes dient. Beim Hecheln strömt die Luft vermehrt beim Ein- und Ausatmen durch das Maul und der Speichel verdunstet. Dadurch kühlt der Hund seine Körpertemperatur herunter. Ein Hund kann nicht gleichzeitig schnüffeln und hecheln. Bei körperlicher Anstrengung des Hundes und der dadurch erforderlichen Senkung der Körpertemperatur durch das Hecheln sinkt die Schnüffelfrequenz und damit die Riechleistung eines Hundes.

BEDEUTUNG FÜR DAS FÄHRTENTRAINING

Die Nase ist ein für die Gesundheit des Hundes sehr wichtiges Organ. Sie darf durch das Training nicht geschädigt werden. Für das Training ungeeignet ist Gelände mit giftigen oder die Atemwege reizenden Ausdünstungen. Sie sammeln sich in der Hundenase an und werden eventuell vom Organismus aufgenommen. Die Hundenase sollte feucht sein. Bei großer Hitze kann die Nase, wenn der Hund gerade einen Gegenstand verweist, mit einem Tuch befeuchtet werden.
Die Atemmuskulatur, besonders entlang des Halses, sollte regelmäßig auf Verspannungen untersucht und massiert werden. Der Hundeführer sollte die Atemgeräusche seines Hundes kennen, die normalerweise beim intensiven Suchen zu hören sind. Deutliche Abweichungen davon können Hinweise auf Atemwegserkrankungen sein. Bei großer Hitze ist mit einer verminderten Riechleistung des Hundes zu rechnen, ebenso bei einer unzureichenden Kondition. Ein geöffnetes Maul, ohne dass der Hund seine Nase etwas hebt, ist kein Zeichen für ein oberflächliches Suchen. Es zeigt ein besonders intensives Suchen bei sehr schwierigen Fährten oder einen dringend benötigten Temperaturausgleich an. Im Hochsommer sollte man das Training auf die frühen Morgenstunden legen. Ein Training in den Abendstunden ist dann besonders bei einem Acker ohne Bewuchs nicht ratsam, da sich der Boden tagsüber durch die Sonneneinstrahlung stark erwärmen kann.
Soll ein unkastrierter Rüde eine Fährte suchen, ist der Kontakt mit läufigen Hündinnen zu meiden oder zu trainieren. Seine körperlichen Reaktionen auf den Geruch, auch auf den Geruch des Urins einer läufigen Hündin, sind von ihm nicht steuerbar. Aber er kann trotz Erregung lernen, intensiv und konzentriert zu arbeiten.

DER FÄHRTENGERUCH

Was riecht der Hund, wenn er eine Fährte sucht? Was unterscheidet einen nicht betretenen Boden von einem betretenen? Was geschieht, wenn ein Hundeführer eine Fährte legt?
Ausgangspunkt ist ein Gelände mit Gerüchen unterschiedlichster Art: den Gerüchen von verschiedenen Pflanzen und Bodenorganismen, vom Kot verschiedener Tiere, von verrotteten Pflanzen, von umherflitzenden Mäusen u. v. m. Zusätzlich werden durch den Wind Gerüche entfernt liegender Orte ins Fährtengelände getragen und umgekehrt. Dann betritt der Fährtenleger das Gelände und legt die Fährte. Dabei verändert er dessen Struktur, u. a. verdichtet er den Boden, zertritt Pflanzen und kleinste Lebewesen. Es entsteht eine Bodenverletzung unter seinen Schuhen, mal sichtbar, mal unsichtbar. All diese Vorgänge setzen chemische Prozesse in Gang, die mit einer veränderten Geruchsbildung verbunden sind (Zersetzungsprozesse).

Betretener Boden riecht anders als nicht betretener Boden.

Dies gilt für alle natürlichen Böden. Böden aus Teer oder Beton verändern sich beim Betreten nicht. Daher sind sie für die Fährtenarbeit ungeeignet.
Neben der Geruchsveränderung durch die mechanischen und chemischen Prozesse im Boden, gibt der Hundeführer beim Legen der Fährte kleinste Partikel (Hautschuppen, Schweißteilchen, ...) an die Umgebung ab, die zum Teil zu Boden sinken. Diese Teilchen charakterisieren den Individualgeruch des Menschen. Auch die Schuhe des Hundeführers verlieren durch den Abrieb kleinste Teilchen im Gelände. Inmitten dieses Gemisches aus diversen Geruchsmolekülen soll der Hund den speziellen Geruch einer getretenen Spur

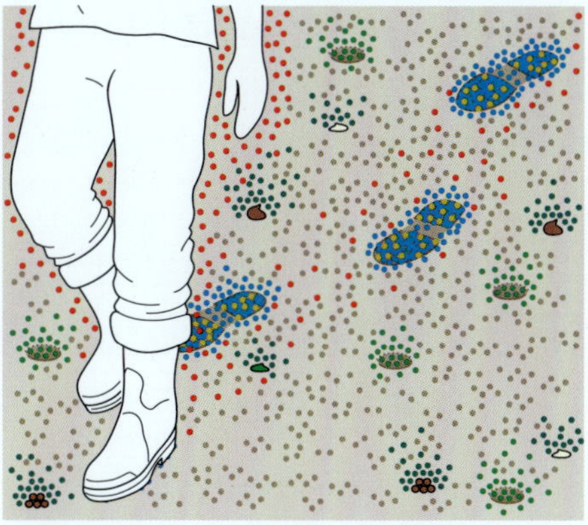

Zersetzungsgeruch, den der Hund suchen soll
Individualgeruch
Schuhabrieb
Mäuselöcher
Hasenköttel, Vogelkot
Bodengeruch
(Verhältnisse bei Windstille)

Gerüche um und auf der Fährte

herausfiltern und diesem folgen. Dabei kann er nur die Geruchsteilchen wahrnehmen, die sich in der Luft befinden, eingeatmet werden und die Riechzellen erreichen. Fast immer bewegt sich die Luft (z. B. durch Wind oder thermische Vorgänge), und dadurch wirbeln auch die Geruchsmoleküle umher, steigen auf, driften zur Seite ... Dies sollte man beachten, wenn man das Suchverhalten des Hundes interpretieren möchte.

WAS DER HUND SUCHEN SOLL

Ein Fährtenhund soll bei der Fährtenarbeit dem exakten Verlauf der Fährte folgen. Auch wenn die Fährte manchmal zu sehen ist, soll er sie mit der Nase suchen, nicht mit den Augen. Dazu muss er sich am entstandenen Zersetzungsgeruch orientieren. Der Individualgeruch eines Menschen, der beim Mantrailing gesucht wird, ist zur Fährtensuche nicht geeignet, da er sich durch Windeinfluss oft weit neben den Trittspuren befindet.
In der Fährtenhundausbildung können wir jedoch nie ganz ausschließen, dass der Hund sich auch am Individualgeruch des Menschen entlang der Fährte orientiert. Deshalb ist eine genaue Beobachtung des Suchverhaltens auf der Fährte wichtig. Der Hundeführer sollte größten Wert darauf legen, dass der Hund lernt, jeden Tritt genau zu untersuchen. Dadurch lernt er, nicht dem Individualgeruch zu folgen, der sich häufig neben der Fährte befindet. Leider bewegen sich auch die Geruchsmoleküle der Zersetzungsprozesse bei Wind von der Fährte weg. Die Konzentration dieser Teilchen ist jedoch direkt über dem Schuhabdruck im Boden am größten und nimmt mit der Entfernung zum Tritt ab. Bei der Ausbildung mit Futter auf der Fährte lernt der Hund schnell, dass das Futter nur an den Stellen liegt, an denen die Geruchskonzentration am höchsten ist. Durch diese Erfahrung folgt der Hund bei einer erfolgreichen Ausbildung exakt den Tritten. Je dichter die Geruchsmoleküle in der Luft beieinander sind, desto leichter kann der Hund sie riechen.

FAKTOREN, DIE GERÜCHE BEEINFLUSSEN

Wie viel Geruchsmoleküle vom Gelände und von den Zersetzungsprozessen an die Luft abgegeben werden und wie sie in der Luft verteilt sind, ist von mehreren Faktoren abhängig:

— **Der Luftfeuchtigkeit.** Starker Regen fängt die Geruchsmoleküle ein und verfrachtet sie wieder auf den Boden.
— **Der Windrichtung und Windstärke.** Die Geruchsteilchen befinden sich in der Luft und müssen eingeatmet werden können. Durch Wind bewegen sie sich von den Tritten weg.
— **Der Lufttemperatur.** Eine hohe Lufttemperatur sowie eine sehr niedrige (Frost) beeinträchtigen die chemischen Prozesse im Boden, es werden weniger Geruchsmoleküle freigesetzt.
— **Der Zeit seit Betreten des Geländes.** Die Zersetzungsprozesse verändern sich im Laufe der Zeit.

Intensives Suchen mit leicht wedelnder Rute

Waagrechte Rute beim konzentrierten Suchen

— **Der Art des Geländes,** z. B. leicht bearbeiteter Acker, Wiese, sandiger Boden, lehmiger Boden, Schollenacker
— **Der Art des Fährtelegens.** Je stärker die Veränderungen im Boden durch das Auftreten oder auch Schlurfen des Hundeführers sind, desto stärker werden Zersetzungsprozesse in Gang gesetzt, die der Hund leichter riechen kann (siehe Lufttemperatur und Luftfeuchtigkeit).

Diese Faktoren beeinflussen den Schwierigkeitsgrad einer Fährte direkt und müssen bei der Trainingsplanung immer mit berücksichtigt werden.

Als Menschen nehmen wir nur den sichtbaren Teil einer Fährte wahr. Durch Wissen, Beobachten und Erfahrung bekommt der Hundeführer eine Vorstellung davon, was sein Hund bei der Fährtenarbeit riecht.

HUNDERASSE UND PERSÖNLICHKEIT

Erfolgreiches Fährtentraining ist immer auch Training, das auf den jeweiligen Hund zugeschnitten und angepasst ist. Jeder Hund hat seine eigene Persönlichkeit und Veranlagung. Der eine ist von Natur aus selbstsicher und neugierig, der andere vorsichtig und zurückhaltend. Der eine geht selbstbewusst seiner Wege, ohne sich groß um seinen Hundeführer zu kümmern. Der andere orientiert sich in seinem Verhalten stark an den Wünschen seines Menschen. Es gibt zwar rassetypische Verhaltensweisen, aber diese können durch individuelle Charaktereigenschaften eines Hundes überdeckt sein. Ein Jagdhund, der rassetypisch selbstständig arbeiten sollte, kann auch von seiner Persönlichkeit her unsicher und unselbstständig sein. Trotzdem ist es für die Ausbildung gut, das rassetypische Verhalten eines Hundes zu kennen, und dann den jeweiligen Hund in seinen individuellen Anlagen zu betrachten. Diese Überlegungen gelten natürlich auch für Hunde, in denen mehrere Rassen vereint sind.

BORDER TERRIER UND SCHÄFERHUND

Nehmen wir beispielsweise einen Border Terrier und einen Deutschen Schäferhund. Bei einem Terrier wird durch die Zuchtauswahl Wert auf ein selbstständiges Arbeiten gelegt. Er soll selbstständig in einen Fuchsbau gehen und den Fuchs heraustreiben. Ein Schäferhund hingegen soll auf die Kommandos seines Hundeführers achten und sie befolgen, und dadurch z. B. eine Schafherde zusammenhalten und leiten. Aber auch innerhalb der genannten Rassen gibt es große Unterschiede im Verhalten einzelner Hunde. Felix, ein Border Terrier, hat beispielsweise eine starke Bin-

Leicht gesenkte und wedelnde Rute

Intensives Suchen mit erhobener Rute

dung zu seiner Hundeführerin und orientiert sich auch während eines Spaziergangs stark an ihr. Er hat bei der Arbeit einen starken Arbeitswillen und ein großes Durchhaltevermögen. Wenn er sucht, lässt er sich nicht leicht beeinflussen. Bei ihm paart sich rassetypisches Verhalten mit einer Persönlichkeit, die das gemeinsame Arbeiten erleichtert.

INTROVERTIERT UND EXTROVERTIERT

Sie sehen, das Wesen eines Hundes wird durch seine Rasse UND durch seine Persönlichkeit geprägt. Es gibt wie bei den Menschen introvertierte und extrovertierte Hunde. In der Ausbildung reagieren introvertierte Hunde auf Tadel beispielsweise meist empfindsamer als extrovertierte. In der praktischen Ausbildung sollte man daher bei jedem Hund genau beobachten, welche Wirkung die einzelnen Übungen auf ihn haben und wie er seiner Persönlichkeit nach am besten auszubilden ist. Obwohl nur ca. 21 % des Hundeverhaltens durch die Gene festgelegt sind, ist die Kenntnis rassetypischen Verhaltens für die Fährtenarbeit sehr wichtig. Denken Sie nur an einen extrovertierten Jagdhund, dessen Beutefangverhalten beim Verfolgen einer Spur durch eine hohe Nase gekennzeichnet ist. Bei der Fährtenarbeit hingegen soll er in jeder Situation die Nase nahe am Boden halten. Bei Stress, d. h. bei auftauchenden Problemen, wird er wahrscheinlich in sein rassetypisches Verhalten zurückfallen. Hier sollte man in der Ausbildung besonders darauf achten, dass der Hund gerade am Anfang der Ausbildung nicht in Stresssituationen gerät, in denen der Hundeführer den Hund korrigieren muss, sobald er die Nase hebt.

HALTUNG DER RUTE

Die Haltung der Rute ist bei der Fährtenarbeit von Hund zu Hund unterschiedlich. Eine erhobene Rute zeigt bei einem Hund eine starke Arbeitsbereitschaft an, während sie bei einem anderen Hund andeutet, dass er abgelenkt ist. Es lohnt sich, während der Fährtenarbeit die Veränderungen der Rutenhaltung genau zu beobachten. Bei vielen Hunden senkt sich die Rute mit steigender Schwierigkeit der Fährte oder zunehmender Müdigkeit. Sie gewinnen durch eine genaue Beobachtung der Rutenhaltung wertvolle Hinweise über den körperlichen Zustand Ihres Hundes, seine Motivation und die Schwierigkeit der Fährte.

KENNEN SIE IHREN HUND?

Wie schätzen Sie ihn ein? Ist er eher emotional stabil (beeinflusst u.a. durch Gene, Hormone oder durch Sozialisationserfahrungen in den ersten Lebenswochen), gesellig, offen für neue Erfahrungen, extro/introvertiert, ausdauernd/gewissenhaft, dickköpfig o. Ä.? Was kann das für die Ausbildung bedeuten?

GESUNDHEITS-VORSORGE

Betrachten wir zunächst die gesundheitlichen Auswirkungen der Sucharbeit. Die Sucharbeit bedeutet Spaß und Anstrengung zugleich für den Hund. Durch das Training wird die Fitness des Hundes u. a. im Bereich der Konzentration gefördert und gesteigert. Es ist beim Hund aber ähnlich wie beim Menschen. Eine intensive Tätigkeit, die viel Konzentration und eine gleichbleibende Körperhaltung erfordert, wirkt sich bei zunehmender Dauer und Intensität des Trainings auf unterschiedlichste Körperteile aus.

Betrachten wir zunächst die Körperhaltung beim Suchen. Der Hund soll durchgängig mit tiefer Nase suchen. Durch den gesenkten Kopf wird die Schulterpartie des Hundes beansprucht, sowohl die Muskeln und Sehnen als auch der Skelettapparat. Dies führt bei manchen Hunden zu einer sogenannten lockeren Schulter, einer Instabilität, die leider bei Ausstellungen manchmal negativ vermerkt wird. Auch im Alltag und im Hundesport sollte diese mögliche Instabilität berücksichtigt und gegebenenfalls physiotherapeutisch behandelt werden, um Spätfolgen zu vermeiden. Neben der Schulter werden auch die Ellbogengelenke deutlich belastet. Zudem wird die Hals- und Nackenmuskulatur durch die gebeugte Haltung stark beansprucht. Beim Suchen setzt der Hund intensiv und über längere Zeit sein Riechsystem ein. Dabei werden die Muskeln am unteren Teil des Halses besonders beansprucht. Da Muskelgruppen, die über längere Zeit beansprucht werden, verkrampfen oder verhärten können, sollte der Hundeführer diese auch bei einem trainierten Fährtenhund vorsorglich untersuchen.

Befestigung der Leine direkt am Halsband: Es entsteht am Hals ein Zug nach unten hinten. Dadurch kommt es zu Belastungen im Bereich der Schultern, des Nackens, der Ellenbogen und des Halses.

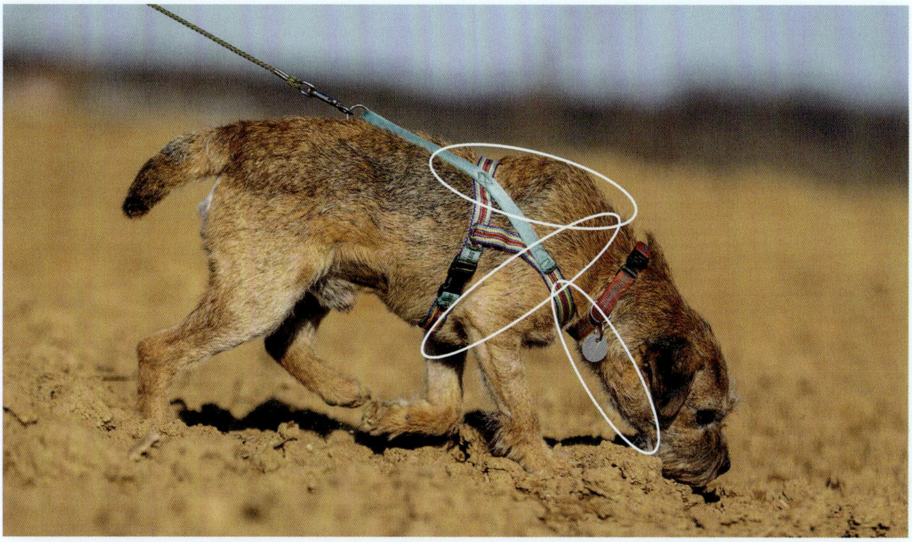

Befestigung der Leine am Fährtengeschirr: Es entsteht an der Brust ein Zug nach oben hinten. Dies führt zu Belastungen im Bereich des Rückens, der Schultern, des Nackens, der Ellenbogen und des Halses.

BEANSPRUCHUNG DURCH HALSBAND ODER GESCHIRR

Neben der Körperhaltung wirken sich die Befestigung und der Zug der Leine beim Suchen auf den Hund aus. Je nach Befestigungsweise der Leine sind die Auswirkungen etwas unterschiedlich. Bei einem Fährtengeschirr, mit der Leinenbefestigung oberhalb des Rückens, wird der Teil der Wirbelsäule, die sich direkt unter dem Karabiner befindet, beansprucht, auch wenn der Karabiner nicht auf dem Rücken aufliegt. Eventuell wird auch die Beweglichkeit der Schulter eingeschränkt.
Wird die Leine am Halsband befestigt oder am Böttgergeschirr, wird der Kopf des Hundes beim Suchen eher nach unten und hinten gezogen. Dies beansprucht den oberen Teil der Halsmuskulatur.

Weitere physische Auswirkungen der Fährtenarbeit auf den Hund können sein:
— Eine erhöhte Körpertemperatur des Hundes durch die Anstrengung
— Ein Nachlassen der Konzentration
— Eine Ermüdung des Hundes
— Eine Beanspruchung der Nasenschleimhaut, die normalerweise immer leicht befeuchtet ist. Besonders bei einer trockenen und heißen Lufttemperatur trocknet die Nasenschleimhaut schnell aus und wird anfälliger für Reizungen. Bei sehr trockenem, staubigen Boden nimmt der Hund beim Schnüffeln kleine Staubpartikel auf, die sich in der Nase festsetzen. Der Hund versucht dann durch Niesen, manchmal auch durch Reiben mit der Pfote, den Nasengang von den Staubpartikeln zu befreien.
— Stiche/Bisse durch Insekten (besonders bei Aufnahme von befallenem Futter).

STARKE BELASTUNGEN

Für den Hund sehr belastend ist:
— das Suchen bei großer Hitze (Gefahr der Überhitzung und Dehydrierung),
— das Suchen sehr langer und schwieriger Fährten mit unzureichender Kondition,
— das Suchen unter starkem psychischem Druck und ein kräftiges, anhaltendes Ziehen beim Suchen.
Diese Situationen sollten vermieden werden.

☞ AUFWÄRM- UND STRETCHÜBUNGEN

Vor dem Fährtentraining sollte die Muskulatur des Fährtenhundes gut durchblutet und einsatzbereit sein. Gönnen Sie Ihrem Hund ein Aufwärmtraining. Dessen Dauer ist von mehreren Faktoren abhängig, u. a. der Außentemperatur, und sollte auch dem Hund individuell angepasst werden. Ein Training nach dem Motto: „Raus aus dem Auto und rauf auf die Fährte" birgt die Gefahr von Verspannungen und Verletzungen. Zum Aufwärmen sind Übungen geeignet, bei denen sich der Hund aktiv bewegt. Dehnübungen, bei denen die Stellungen einige Sekunden gehalten werden, sind zum Aufwärmen nicht zu empfehlen. Die folgenden Übungen sind nur stellvertretend für die große Anzahl der sinnvollen Aufwärmübungen. Lassen Sie sich für die beschriebenen und weiteren Übungen von einem Hundephysiotherapeuten beraten, der Ihnen auch speziell auf Ihren Hund zugeschnittene Übungen zeigen kann.

1. RUMPFMUSKULATUR UND HALSMUSKULATUR AUFWÄRMEN

1.1: Dehnung der langen Rückenmuskulatur, der Hund läuft eine Acht um die Beine herum oder …

1.2: … der Hund läuft vor dem Hundeführer enge Kreise in beide Richtungen.

Zu 2: Mit „Hohe-Pfote-geben“ dehnt man die Ellenbogen- und Schultermuskulatur. Die Übung sollte beidseitig durchgeführt werden.

Zu 4: Dehnung der Hals- und Nackenmuskulatur

2. STRETCHEN DER SCHULTER- UND ELLENBOGENMUSKULATUR

3. STRETCHEN DER VORDER- UND HINTERBEINMUSKULATUR

Bringen Sie Ihren Hund in die Tanzstellung (nicht für unruhige und sehr impulsive Hunde geeignet)

4. NACH DEM TRAINING

Danach können Sie Dehnübungen für die angespannte Muskulatur durchführen.

Hund sitzt vor Hundeführer, Beine des Hundeführers sind rechts und links vom Rumpf der Hundes, den Kopf des Hundes mit Leckerli langsam gerade nach oben führen, bevor der Hund eine Ausweichbewegung zeigt, stoppen und den Kopf wieder mit Futter nach unten zwischen seine Vorderbeine führen.

Allgemeines zu Dehnübungen: Position ca. 5 Sekunden halten, immer mit einer Hand am Hund. Das gibt ihm Sicherheit. Alle Bewegungen sehr langsam durchführen, nicht gegen den Widerstand des Hundes arbeiten und wenn er der beabsichtigten Bewegung ausweicht, sofort in der Bewegung zurückgehen.

Sie können Ihren Hund auch massieren, um die Muskulatur zu lockern. Dazu sitzt er vor Ihnen mit dem Rücken zu Ihnen. Streichen Sie rechts und links NEBEN der Wirbelsäule in spiralförmigen Bewegungen sanft nach hinten. Sie fangen am Halsansatz an und führen die Massage bis zur Schwanzwurzel durch. Ebenso können Sie verhärtete Muskelstränge im unteren Bereich des Halses leicht massieren. Auch hier ist es sinnvoll, sich das genaue Vorgehen durch einen Hundephysiotherapeuten zeigen zu lassen.

PHYSIOTHERAPIE FÜR FÄHRTENHUNDE *— Ein Interview mit Mirjam Knauer*

Mirjam Knauer ist Human- und Hundephysiotherapeutin und hat sich mittlerweile auf Sport- und Diensthunde spezialisiert. Neben ihren beiden Praxen für Hundephysiotherapie gibt sie Seminare, z. B in Russland, Lettland, Deutschland und in der Schweiz.

Mirjam Knauer, staatl. geprüfte Physiotherapeutin, geprüfte Hundephysiotherapeutin

Welches sind die häufigsten Probleme, die in Ihrer physiotherapeutischen Praxis bei Fährtenhunden auftreten?

Mirjam Knauer: Am häufigsten berichten Hundebesitzer von einer schlechten Ausdauer ihres Hundes, die sie auch beim Fährten bemerken. Da dies mit der Herz-Lungenverarbeitung zusammenhängt, ist es sinnvoll, ein gut konstruiertes Konditionstraining ergänzend zum Fährtentraining durchzuführen. Dies würde auch die Sucharbeit verbessern.

Man findet auch sehr häufig Probleme der Ellbogengelenke durch die vermehrte Druckbelastung ebenso wie Halswirbelsäulenbeschwerden.

Wodurch entstehen sie?

Mirjam Knauer: Allgemein ist dies schwer zu beantworten. Am häufigsten entstehen sie durch Unwissen der Besitzer, da viele sich immer noch wenig Gedanken über ein ganzheitliches Training machen. Durch die Fährtenarbeit entsteht u. a. eine Kompression auf den Gelenkknorpel. Diese Kompression sollte durch geeignete Maßnahmen (z. B. Massagen) vermindert werden.

Dehnung der gesamten Rückenmuskulatur und oberen Halsmuskulatur (schwierig aber effektiv)

Tanzstellung = Stretchen der gesamten Beinmuskulatur

Was liegt Ihnen besonders am Herzen im Hinblick auf die Gesundheit von Fährtenhunden?

Mirjam Knauer: Fährten wird oft abgetan, als wäre es nicht allzu anstrengend für den Hundekörper. Doch das ist es. Deshalb wäre es mir wichtig, dass man außerhalb der Fährtenarbeit den Hund körperlich auf die anstehende Belastung vorbereitet. Sei es durch Balanceübungen, Massagen der beanspruchten Muskulatur, Ausdauertraining oder Beweglichkeitsübungen.

Wie kann ein Warm-Up zur Vorbeugung von Verletzungen aussehen?

Mirjam Knauer: Man sollte den Hund direkt vor der Fährtenarbeit aus dem Auto holen, ihn kurz bewegen und Bewegungsübungen machen. Gut geeignet sind Übungen wie z. B. hohes Pfötchen geben, verbeugen und den Kopf nach rechts und links drehen lassen.

GESUNDHEITS-PROBLEME ERKENNEN

Bei der Fährtenarbeit zeigen sich manche bis dahin unerkannte Gesundheitsprobleme eines Hundes durch die vielseitige Beanspruchung. Nicht jedes Fehlverhalten ist durch Ausbildungsfehler oder eine Demotivation des Hundes zu erklären. Hier nur einige Beispiele:

Fehlverhalten	Mögliche gesundheitliche Probleme
Schräges Verweisen	Schmerzen beim Hinlegen durch Verspannungen oder Gelenkerkrankungen
Unerklärliche Probleme an Winkeln	Beeinträchtigung im Bereich der Atemwege (z. B. Schnupfen)
Langsames oder zögerndes Kreisen vor dem Hinlegen beim Verweisen	Entzündung der Hoden, Schmerzen im Bewegungsapparat, Läufigkeit einer Hündin, Bauchweh ...
Nachlassende Motivation	Schmerzen jeglicher Art
Plötzliches mehrfaches Stehenbleiben auf der Fährte	Schmerzen im Bewegungsapparat, Bauchschmerzen, Schmerzen an der Wirbelsäule, Schmerzen beim Atmen
Unerklärliches ungewöhnliches Atemgeräusch	Erkrankung im Bereich der Atemwege
Unerklärliche Angst- oder Paniksymptome	Hinweis u. a. auf Borreliose oder Anaplasmose

Das Verhalten eines Hundes während der Sucharbeit ist manchmal auch ein Spiegelbild der Befindlichkeit des Hundeführers. Aufregung, Stress, Demotivation oder Unaufmerksamkeit des Hundeführers können vom Hund übernommen werden und zeigen sich in entsprechendem Fehlverhalten.

GEFAHREN IM FÄHRTEN-GELÄNDE (PESTIZIDE, DÜNGER ...)

Bei der Fährtenarbeit werden Geruchspartikel durch die Atemluft intensiv eingeatmet. Da der Fährtenhund seine Nase dicht am Boden hat, nimmt er zahlreiche bodennahe Partikel auf. Dies können relativ harmlose Staubpartikel oder Blütenpollen sein, aber auch die ausgasenden Bestandteile von Pestiziden und Dünger. Deshalb sollten Sie auf Äckern, die mit Kunstdünger oder Pestiziden behandelt wurden, nicht oder nur mit einem größeren zeitlichen Abstand trainieren. Auf manchen Wiesen werden Unkrautvernichtungsmittel ausgebracht. Frische Traktorspuren können auch hier ein Hinweis darauf sein. Auch werden in Mauselöcher Giftköder gelegt, um übermäßigen Befall zu reduzieren. Am besten warten Sie, bis es geregnet hat und die ungesunden Stoffe sich tiefer im Boden befinden. Frische Gülle oder Mist im Gelände ist normalerweise für den Hund ungefährlich, aber trotzdem nicht zu empfehlen. Der Ammoniakgeruch ist für den Hund sehr unangenehm und reizt die Nasenschleimhäute. Zudem riechen Hund und Hundehalter anschließend ziemlich unangenehm. Noch problematischer ist ein Gelände, auf dem Klärschlamm ausgebracht wurde. Untersuchungen haben gezeigt, dass dieser teilweise gefährliche Bakterien enthält, die der Hund bei der Fährtenarbeit einatmet.

Landwirtschaftlich genutztes Fährtengelände: Futteracker, hoher Senfacker und Saatacker, in dem frische Traktorspuren zu sehen sind. Dies kann ein Hinweis auf ausgebrachte Pestizide sein.

RECHTLICHE RAHMEN-BEDINGUNGEN

Das Gelände, auf dem der Hundeführer trainiert, ist meist eine landwirtschaftliche Nutzfläche und somit Privateigentum.
In Deutschland hat zwar jeder das Recht, sich in der freien Natur zu erholen. Auch das Betreten von Äckern und Wiesen ist generell erlaubt, ABER:
Sie dürfen Wiesen und Äcker nur in der Zeit betreten, in denen diese nicht landwirtschaftlich genutzt werden. Ein Acker darf zwischen Aussaat und Ernte nicht betreten werden und eine Wiese nicht zwischen Ende März und Ende Oktober/November.
Trainieren sollte der Hundeführer mit seinem Hund wenn möglich das ganze Jahr. Er benötigt dafür die Erlaubnis des jeweiligen Landwirtes.
Neben dem Landwirt nutzen auch Jagdpächter die landwirtschaftlichen Flächen. Wenn der Hundeführer auch deren Einverständnis einholt, erspart er sich viel Ärger. Er sollte dem Landwirt und Jagdpächter genau beschreiben, wie ein Fährtentraining abläuft und dass weder Sie noch der Hund Schaden anrichten.

Ein auf den Hundeführer konzentrierter Hund ist die wichtigste Voraussetzung für eine erfolgreiche Grundausbildung.

AUSBILDUNGS-KNOWHOW

Eine gelingende Hundeausbildung setzt die Aufmerksamkeit des Hundes voraus, denn wie soll der Hund etwas lernen, wenn er nicht auf das, was sein Hundeführer tut oder sagt, achtet? Die Praxis sieht oft anders aus. Den Hund interessiert alles Mögliche: andere Hunde, eine Katze, das davonfahrende Auto u. v. m., während der Hundeführer danebensteht und nicht weiß, wie er die Aufmerksamkeit seines Vierbeiners auf sich lenken kann.

Aber ohne Aufmerksamkeit keine Kommunikation, ohne Kommunikation keine Motivation, ohne Motivation kein Lernen, ohne Lernen keine erfolgreiche Ausbildung, auch nicht im Fährtentraining. Deshalb finden Sie in diesem Kapitel die Grundlagen einer modernen Hundeausbildung sowie bewährte Erziehungsmethoden, kombiniert mit den Erkenntnissen der Verhaltensforschung an Hunden. Wenn Sie diese Trainingsprinzipien anwenden, lernt Ihr Hund strukturiert und seinem Lernverhalten angepasst. Sie können erfolgreich mit ihm kommunizieren und das Training so aufbauen, dass Ihr Hund weder unter- noch überfordert ist.

Die Ausbildung eines Hundes ist nicht einfach. Wir haben das grundsätzliche Problem, dass wir uns unseren Hunden nicht über die Sprache verständlich machen können. Das bedeutet:

Ein Hund versteht unsere Sprache mit ihren Sätzen und Sinnzusammenhängen nicht. Er kann nicht über Einsicht lernen.

Er kann zwar lernen, einzelne Worte mit einer Bedeutung zu verbinden, doch der Hundeführer sollte nicht vergessen, dass ein Hund Sprache im menschlichen Sinn nicht verstehen kann. Wir können ihm eine Übung nicht erklären. Ebenso wenig versteht er Sätze wie: „Wenn du das jetzt nicht tust, was ich sage, dann kommst du an die Leine.“ Er hat im besten Fall gelernt, die Veränderung im Tonfall als Warnzeichen zu deuten.

LERNEN, EIN LEBEN LANG

Passen Sie die Art und Weise, wie Sie Ihrem Hund etwas beibringen, seinen Möglichkeiten an. Denn Hunde wollen Neues lernen und können dies auch, sofern man sich auf ihre Kommunikation und die Art des Lernens einlässt. Lernen dient dem Überleben. Hunde – und nicht nur diese – lernen daher ein Leben lang. Sie lernen, wie man am besten an Futter kommt, wie man sich im Rudel verhält u. v. m. Das Ziel ist in der Regel, seinen eigenen Zustand zu verbessern. Es geht dem Hund darum, seine Bedürfnisse (z. B. Hunger, Fortpflanzung, …) zu stillen und Schaden zu vermeiden.
Zudem lernen Hunde häufig aus Neugier. Dadurch verbessern sie ihre Anpassungsfähigkeit an die Umwelt. Und Hunde lernen immer durch Beobachten, auch wenn wir dies nicht immer beabsichtigen.
Welche Lernprozesse können wir für die Ausbildung nutzen? Aus der Fülle der Möglichkeiten hier die wichtigsten, zunächst in Stichpunkten.
Ein Hund lernt:

— An den Konsequenzen seines Verhaltens (operante Konditionierung)
— Durch Verbindung eines Reizes mit einer unbewussten Reaktion (klassische Konditionierung)
— Durch Gewöhnung (Habituation)
— Durch Erhöhung der Reaktion auf einen Reiz (Sensibilisierung)
— Durch Spielen
— Im sozialen Miteinander
— Wenn eine Reaktion ausbleibt (Extinktion)
— In Zusammenhang mit der jeweiligen Situation, kontextbezogen
— Immer

Und diese Lernprozesse gelingen am besten

— Bei guter Motivation und positiver Verstärkung
— Bei einer geeigneten Erwartungshaltung des Hundes (nicht zu niedrig und nicht zu hoch)
— In kleinen Lernschritten
— Durch viele Wiederholungen
— Durch gleichbleibende Konsequenzen (Lob oder Tadel)
— Eine verständliche Kommunikation zwischen Hund und Hundeführer
— Durch Verallgemeinerung des Gelernten
— In einem entspannten Umfeld (z. B. einem entspannten Hundeführer)

Näheres zu diesen Punkten finden Sie in den folgenden Kapiteln. Sie sind die Grundlage jeder erfolgreichen Ausbildung.

AUFMERKSAMKEIT

Ohne Aufmerksamkeit geht im Training gar nichts. Sowohl der Hund als auch der Mensch sollten im Training aufmerksam und konzentriert sein. Von klein auf sollte der Hund lernen, auf seinen Hundeführer zu achten. Doch auch im Gegenzug ist der Mensch gefragt, zu bemerken, wenn sein Hund Kontakt aufnehmen möchte, zum Beispiel, indem er seinen Hundeführer ansieht. Und das tut jeder Hund von klein auf. Schon ein Welpe schmiegt sich an die Beine, schaut seinen Menschen an, springt an ihm hoch oder stupst ihn mit der Schnauze. Es ist wichtig, dass Sie auf seine Kontaktversuche eingehen, denn ohne Reaktion wird Ihr Hund seine – für ihn erfolglosen – Bemühungen nach wenigen Wochen aufgeben. Lassen Sie es nicht so weit kommen. Behalten Sie Ihren Hund im Auge. Schaut er Sie an, zeigen Sie eine Reaktion: Rufen Sie ihn zu sich, streicheln Sie ihn, geben Sie ihm etwas Futter, loben Sie ihn oder erwidern Sie seinen Blickkontakt. Der Blickkontakt signalisiert Ihrem Hund, dass Sie ihn sehen und auf ihn achten. Aufmerksamkeit beruht auf Gegenseitigkeit. Wir können von unserem Hund keine Auf-

Eine positive Erwartungshaltung ...

... führt zu einer hohen Motivation, wie hier beim ...

merksamkeit erwarten, wenn wir ihn links liegen lassen. Nutzen Sie die sozialen Fähigkeiten und Bedürfnisse Ihres Hundes und werden Sie ein Team. Überprüfen Sie immer wieder die Qualität Ihrer Beziehung zu Ihrem Hund: Können Sie die Aufmerksamkeit Ihres Hundes gewinnen? Achtet Ihr Hund auf Sie, wenn Sie seinen Namen rufen?

MOTIVATION

Eine hohe Motivation und Bereitschaft zur Zusammenarbeit von Hundeführer und Hund sind die wichtigsten Voraussetzungen für eine gelingende Ausbildung. Und das nicht nur auf Seiten des Hundes, sondern auch auf der des Hundeführers.
Aber wer kennt sie nicht, die Hunde, die gern alles Mögliche machen, aber kein Interesse daran haben, das zu tun, was ihr Hundeführer von ihnen möchte? Was motiviert einen Hund, das eine zu tun, und das andere zu lassen? Was ist die Triebfeder hinter seinem Verhalten?

EIGEN- UND FREMDMOTIVATION

Manches tut ein Hund von sich aus (Eigenmotivation). Dazu gehören Verhaltensweisen, die selbstbelohnend sind. Dazu gehören:

— Jagen
— Beute machen
— Fressen
— Sozialkontakt (gemeinsames Spiel, gemeinsames Tun, Körperkontakt, sowohl mit seinen Menschen, als auch mit befreundeten Hunden)
— Neugier und Erkundung. Sie bleibt bei den meisten Hunden ein Leben lang erhalten.
— Dazu gehören auch bei manchen Hunden schwimmen, rennen oder hüten.
— Welcher dieser Punkte für den Hund besonders attraktiv ist, ist sehr stark rasseabhängig. Er wird das Verhalten wählen, das sein eigenes Wohlbefinden am meisten verstärkt.

Motivation kann bei Hunden aber auch durch den Hundeführer hervorgerufen werden (Fremdmotivation). Wenn ein Hund das vom Hundeführer gewünschte Verhalten zeigt, wird er dafür mit Futter oder Lob o. Ä. belohnt. In der Ausbildung kann ein Hund auch über erlernte Ersatzobjekte anstelle von z. B. Futter motiviert werden. Beispiel hierfür ist das Clickertraining (siehe Literaturverzeichnis).

ERWARTUNGSHALTUNG UND ERREGUNGSLEVEL

Die Motivation eines Hundes kann je nach Erwartungshaltung und Bedürfnisstärke unterschiedlich hoch sein und sie kann sich sehr schnell ändern. Ein Hund kann z. B. in einem Augenblick motiviert eine Sportfährte verfolgen, im nächsten Moment

... positiv auftrainierten Rückruf.

nimmt er die Spur eines Hasen auf und verfolgt diese hoch motiviert. Die Motivation ist oft mit dem Erregungszustand des Hundes verbunden. Eine sehr hohe Motivation bedeutet bei vielen Hunden auch eine hohe Erregung.
Für ein erfolgreiches Fährtentraining benötigen wir einen möglichst konstant motivierten Hund, der die Fährte sucht und sich durch nichts ablenken lässt. Dies erreichen wir durch ein geeignetes Training, das die Motivation des Hundes im Auge behält und diese gegebenenfalls unterstützt und fördert. Die beste Motivation erreichen wir durch eine positive Erwartungshaltung, nicht durch ein Suchen aus Angst vor ansonsten negativen Folgen. Häufig zeigen Hunde, die mit Druck und Strafe ausgebildet wurden, kein freudiges Suchverhalten und geben bei Problemen schnell auf.
Der Hundeführer sollte während der gesamten Ausbildung darauf achten, dass die Motivation seines Hundes zu suchen erhalten bleibt. Dabei ist es wichtig, die ersten Anzeichen von Demotivation zu erkennen (z. B. durch vermehrtes Kopfheben oder Mauselöcher-neben-der-Fährte-Suchen). Er sollte wissen, womit er seinen Hund motivieren kann und das Training entsprechend ändern. Aber nicht nur eine geringe Motivation mindert den Lernerfolg des Hundes, sondern auch eine zu hohe.

FUTTERMOTIVATION

Für das Fährtentraining ist die Motivation über Futter sehr gut geeignet. Futter dient dabei nicht nur als Motivationsobjekt, sondern auch um ein gewünschtes Verhalten zu belohnen und um das Training zu steuern. Die meisten Hunde, auch schlechte Fresser, sind über Futter gut zu motivieren. Doch leider stimmt die Vorstellung des Hundeführers, was seinem Hund schmeckt, nicht immer mit den Vorlieben des Hundes überein. Näheres dazu finden Sie im Kapitel „Training Schritt für Schritt“ Seite 57 f.
Lässt sich ein Hund auch nach vielen Versuchen nicht mit Futter motivieren, kann man es z. B. durch gemeinsames Spielen versuchen.

TIPP

Beobachten Sie Ihren Hund, wodurch er sich motivieren lässt, und wie Sie die Höhe der Erwartungshaltung beeinflussen können.

Spielen fördert die Mensch-Hund-Beziehung.

Immer wieder: Futter auf der Fährte!

Beispiele dazu finden Sie in der folgenden Tabelle:

Motivationsart	Stärke der Motivation beeinflussbar durch
Futter	Konsistenz und Geschmack des Futters und Futtergröße
	Häufigkeit der Futtergabe
	Kombination mit Ausbuddeln des Futters (Döschenmethode)
	Menge des Futters, Jackpot am Ende der Fährte
	Sättigkeitsgrad des Hundes vor der Sucharbeit
Spielzeug	Art des Spielzeugs und Art und Weise des Spiels, Zerren, Werfen, Holen, Apportieren
	Dauer des Spiels
	Intensität des Spiels
Sozialkontakt	Lob
	Streicheln
	ausdrucksstarke Begeisterung des Hundeführers

VARIABLE BELOHNUNG

Sie erreichen eine Steigerung der Motivation auch durch eine variable Belohnung. Dabei gibt es für gelungene Aktionen des Hundes nicht immer eine Belohnung, sondern immer mal wieder. Untersuchungen haben gezeigt, dass schon allein die Vorfreude motiviert. Diese wird gesteigert, indem der Hund nicht immer in der gleichen Häufigkeit und mit dem gleichen Motivationsobjekt belohnt wird. Das „Vielleicht" der Belohnung steigert die Motivation.
Es ist ein weit verbreiteter Irrtum, dass – nehmen wir hier als Beispiel das Futter – eine Belohnung auf der Fährte irgendwann nicht mehr notwendig sei. Lässt man es auf Dauer weg, beginnt der Hund in den meisten Fällen nach und nach die Lust zu verlieren. Wenn der Hundeführer dies sehr spät bemerkt, ist es meistens schwierig, den Hund wieder zur intensiven Suche zu motivieren. Es ist wichtig, die ersten Anzeichen zu erkennen und im Training entsprechend zu reagieren. Auf Dauer wird zwar die Häufigkeit des Futters ein wenig abgebaut, aber nie ganz weggelassen.
Schenken Sie dem Thema Motivation in der Ausbildung große Beachtung. Sie ist die Grundlage eines erfolgreichen Trainings. Beobachten Sie Ihren Hund genau und merken Sie sich, was Ihren Hund motiviert und was ihn demotiviert.

KOOPERATION

Für eine erfolgreiche Ausbildung ist auch die Bereitschaft des Hundes erforderlich, mit dem Hundeführer zusammenzuarbeiten. Diese Bereitschaft ist von Rasse zu Rasse und von Hund zu Hund unterschiedlich stark ausgeprägt, sie kann jedoch durch den Menschen gefördert werden. Der Hund braucht stabile soziale Beziehungen und es liegt am Hundeführer, das Bedürfnis seines Vierbeiners zu befriedigen und von Anfang an die Beziehung mit ihm zu pflegen. Echte Bindung benötigt Zeit, Einfühlungsvermögen und eine gute Beobachtungsgabe von Seiten des Hundeführers. Der Mensch sollte seinem Hund ein verlässlicher und attraktiver Partner sein. Das ist er, wenn er die Führung im Team übernimmt und sich mit seinem Hund beschäftigt. Seine Reaktionen sind für den Hund vorhersehbar und er handelt konsequent. Dadurch gibt er seinem Hund Sicherheit. Wenn der Hundeführer z. B. nicht möchte, dass sein Hund Katzen jagt, sollte er dies konsequent verbieten und unterbinden, unabhängig davon, ob er gerade gestresst, ausgeglichen oder ungeduldig ist.

Wenn der Hund motiviert ist und sich auf einem mittleren Erregungslevel befindet und das Training sich für ihn lohnt, dann sind seine Möglichkeiten zu lernen am größten.

KOMMUNIKATION

Für das Training benötigen wir eine Möglichkeit, unserem Hund verständlich zu machen, welches Verhalten wir von ihm erwarten und welches nicht. Doch wie kann er Lob von Tadel unterscheiden? Und wie können wir mit unserem Hund kommunizieren, sodass er uns versteht?

GEWALTFREIE KOMMUNIKATION

Moderne Hundeerziehung zeichnet sich durch eine gelingende gewaltfreie Kommunikation zwischen Hund und Mensch aus. Ein Hund, der aus Angst vor Strafe das tut, was von ihm verlangt wird, gehört zum Glück meist der Vergangenheit an. Auch im Hundesport setzen sich zunehmend Ausbildungsmethoden durch, die von Respekt gegenüber dem Hund sowie dem Wissen über geeignete Lehrformen geprägt sind. Zu Beginn einer jeden Kommunikation benötigt man die Aufmerksamkeit des Gegenübers, denn sonst werden die ausgesendeten Signale gar nicht wahrgenommen. Die Binsenweisheit „Zur Kommunikation gehören zwei" hat auch in der Hundeausbildung ihre Berechtigung. Der Mensch sollte auf seinen Hund achten und umgekehrt. Denn zur Kommunikation, der Übertragung von Informationen von einem Sender zum Empfänger, gehört die Reaktion des Empfängers. Ein Mensch kommuniziert viel über die Sprache. Wir können dadurch Gedanken austauschen, Wissen vermitteln und zukünftige und vergangene Ereignisse besprechen. Das kann ein Hund nicht. Er versteht den Informationsgehalt unserer Sprache nicht, mit weit reichenden Folgen für die Ausbildung. Um es noch einmal aufzugreifen: Sie können dem Hund eine Übung nicht über die Sprache erklären, sondern Sie müssen andere Kommunikationswege finden. Hunde sind ausgezeichnete

„Nur wir zwei, alles andere ist unwichtig!"

Freudige Erwartungshaltung des Hundes

Wie reagiert die Hundeführerin darauf?

Klare Körperhaltung: offene Arme, gleiche Ebene

Beobachter, die viel über Körpersprache kommunizieren. Daher fällt es ihnen auch verhältnismäßig leicht, die Körpersprache des Menschen zu deuten und sogar Zeigegesten zu verstehen. Zudem können Hunde lernen, einzelne Worte mit einer Bedeutung zu versehen und sie mit einem Verhalten zu verknüpfen. Bei einem Hörzeichen spielt die Art, wie es gesagt wird, eine wichtige Rolle. Beim Lob ist beispielsweise eine hohe, freundliche Stimme angebracht.

Ein Hund „versteht" in erster Linie unsere Körpersprache (Mimik, Körperhaltung, Handzeichen, …), unseren Geruch (Angstschweiß, Stress, Krankheitsgeruch, …) und unsere Tonlage.

BEI DER SACHE?

Hunde nehmen sehr genau wahr, wann sie die Aufmerksamkeit des Menschen haben. Sie merken dies neben dem direkten Blickkontakt daran, ob unser Körper, und hier besonders der Kopf, ihnen zugewandt ist. Ebenso bemerken Sie es, wenn wir unaufmerksam sind. Studien zeigen sehr deutlich einen Zusammenhang zwischen der Aufmerksamkeit des Hundeführers und dem Gehorsam des Hundes.

Beispiel: Bei einer Fährtenprüfung sucht der Hund die ersten zwei Geraden sehr intensiv. Plötzlich zeigt er überraschend ein sehr unkonzentriertes Verhalten und macht deutliche Fehler. Nach der Prüfung erzählt der Hundeführer, dass er auf den ersten Geraden vom Suchverhalten seines Hundes begeistert war, und seine anfängliche Anspannung aufgrund der Prüfungssituation abgelegt hat. Er war nach den ersten beiden Geraden der Meinung, sein Hund mache das schon. Dadurch nahm die Konzentration und Aufmerksamkeit des Hundeführers deutlich ab. Und der Hund zeigte dasselbe Verhalten. Zufall oder Zusammenhang?

Kommunikation auf Hundeart

Das Streicheln ist dem Hund in dieser Situation unangenehm.

Wichtige Kommunikation: Wie stehen die Hunde zueinander?

Kommunizieren Sie mit Ihrem Hund durch eine klare, nonverbale Körpersprache. Beobachten Sie Ihren Hund, ob er Ihre Informationen auch verstanden hat. Je besser Sie sich Ihrem Hund verständlich machen können, desto besser können Sie Ihr Training anpassen und Ihren Hund erfolgreich ausbilden.

WIE SICH HUNDE AUSDRÜCKEN

Aber auch wir verstehen unseren Hund nicht ohne Weiteres, denn er versucht mit uns wie mit seinen Artgenossen zu kommunizieren. Es ist an uns, seine Ausdrucksweise zu erkennen und zu verstehen. Ein Hund drückt sich in erster Linie durch seine Körpersprache aus, aber auch durch Lautäußerungen wie z. B. Bellen, Fiepen, Knurren o. Ä. Als Mensch können wir nur erahnen, was der Hund uns sagen möchte. Rechnen Sie auch damit, dass Sie ihn missverstehen könnten. Beobachten Sie Ihren Hund in den unterschiedlichsten Situationen genau. Dreht er zum Beispiel seinen Kopf weg, wenn Sie ihn streicheln? Vielleicht ist es ihm an dieser Körperstelle oder in dieser Situation unangenehm. Leckt er sein Maul? Eventuell gerät er gerade in einen Konflikt und versucht, zu beschwichtigen. Die Kommunikation des Hundes mit seinem Menschen ist für diesen nicht immer eindeutig. Und da sie meist lautlos geschieht, bemerkt er sie häufig nicht einmal.

Beispiel: In einer Welpengruppe sollen die Hundehalter ihre Hunde loben. Ein Hundeführer streichelt den Kopf des Hundes. Der Hund bewegt seinen Kopf aber immer wieder von der Hand weg. Der Hundeführer bemerkt dies nicht. Er ist der Meinung, dass er seinen Hund durch das Streicheln gelobt hat. Vermutlich hat der Hund dies aber als unangenehm empfunden und durch seine Körperreaktion auch ausgedrückt. Erst als der Trainer den Hundehalter auf die Reaktion seines Hundes aufmerksam macht, bemerkt er es und verändert daraufhin sein Streichelverhalten. In diesem Fall war die Kommunikation des Hundes eindeutig, nur der Mensch hat sie nicht bemerkt und dadurch auch nicht verstanden.

LOB UND TADEL

Die häufigste Form der Kommunikation in der Ausbildung ist das Lob oder der Tadel. Auch hier versteht Ihr Hund Ihre Worte nicht, sondern schließt aus dem Klang, der Tonlage und der Lautstärke auf deren Bedeutung. Ihr Lob sollte sich daher deutlich von einem Tadel unterscheiden. In der Regel lobt man ruhig, freundlich und mit einer höheren Stimme, während der Tadel schärfer, tiefer und etwas knurrig ausfallen darf.

Ein Lob kann unterschiedlich stark ausgedrückt werden: überschwänglich, begeistert, normal oder eher zurückgenommen. Auch beim Tadel ist eine Abstufung möglich. Zeigt ein Hund ein unerwünschtes Verhalten auf der Fährte, genügt bei vielen Hunden schon ein unwilliges Geräusch des Hundeführers, sodass der Hund das ungewollte Verhalten einstellt. Allerdings sollte der Hund auch wissen, was von ihm in dieser Situation erwartet wird.

Beispiel: Ein Hund zeigt schon seit längerer Zeit ein intensives Suchverhalten mit der Nase nahe am Boden. Er wird durch das Bellen eines Hundes abgelenkt und hebt den Kopf. Der Hundeführer macht ein unwilliges Geräusch und der Hund senkt sofort den Kopf und setzt seine Sucharbeit mit tiefer Nase fort. Dafür kann er ruhig gelobt werden.

Wenn Sie Ihrem Hund schon früh und immer gleichbleibend signalisieren, was Sie wollen und was nicht, genügen meist kleine Hinweise, damit dieser das gewünschte Verhalten zeigt oder unerwünschtes unterlässt.

ZWEI BEISPIELE

Der Mülleimer Wenn Ihr Hund zu Hause beispielsweise immer wieder den Mülleimer ausräumt und Sie ihn dabei ertappen, wird er jedes Mal getadelt. Unterlässt er darauf hin sein Tun, loben Sie ihn. Wühlt er weiterhin im Mülleimer, sollten Sie ihn umgehend daran hindern. Und bedenken Sie: Ein Lob oder ein Tadel muss

Soll der Hund lernen, beim Spazierengehen nichts aufzunehmen, muss dies konsequent geübt (konditioniert) werden.

innerhalb von ca. zwei Sekunden gegeben werden, ansonsten ist die Gefahr groß, dass Ihr Hund es auf ein anderes Verhalten bezieht, das Sie gar nicht meinten. Wichtig ist, dass Ihre Reaktion immer dieselbe ist, auch wenn Sie gerade keine Lust haben, Ihren Hund zu ermahnen. Denn nur dann kann er lernen, was gern gesehen wird und was er lieber bleiben lassen sollte. Wenn Sie jedoch sein Verhalten tolerieren, weil Sie gerade ausgeglichen sind und der Mülleimer nicht so voll war, und Ihnen erst beim dritten Mal der Kragen platzt und Sie sehr heftig reagieren, versteht der Hund vielleicht nicht, was Sie meinen. Besonders wenn Sie bei seinem nächsten Versuch den Mülleimer zu leeren, wieder nicht oder nur mit einem freundlichen „Nein" reagieren.

Auf der Fährte Im Fährtentraining sucht ein Hund auf den ersten Geraden sehr unkonzentriert. Er untersucht mehrere Mauselöcher. Der Hundeführer gibt daraufhin das Hörzeichen „Nein". Es erfolgt keine Reaktion des Hundes. Nach einiger Zeit sucht der Hund weiter. Die ersten zwei Winkel nimmt er nicht exakt. Der Hundeführer wird zunehmend ärgerlich und bei weiteren Abweichungen des Hundes von der Fährte werden die Hörzeichen lauter und schärfer. Beim vierten Winkel, der wieder nicht exakt ausgearbeitet wird, schimpft er lautstark mit seinem Hund und gibt ein sehr scharfes Hörzeichen „Nein", gefolgt von einem „Such". Ab diesem Zeitpunkt sucht der Hund sehr konzentriert und verfolgt die Fährte exakt bis zu ihrem Ende. Vermutung: Der Hund hat gelernt, dass das Hörzeichen „Nein" allein keine negativen Auswirkungen für ihn hat. Erst wenn der Tonfall schärfer wird oder die Lautstärke zunimmt, muss er mit unangenehmen Reaktionen des Hundeführers, wie z. B. einem Blockieren der Leine oder einem Abbruch des Trainings, rechnen.

KLASSISCHE KONDITIONIERUNG

Hunde lernen durch Verknüpfungen (Konditionierung). **Beispiel:** Der Hundeführer öffnet in der Küche die Futterdose, und schon steht sein Hund neben ihm, der zuvor geschlafen hatte. Wie kommt das? Der Hund hat durch viele Wiederholungen gelernt, dass er Futter bekommt, sobald er das Geräusch, das beim Öffnen der Futterdose entsteht, hört. Ein Fall von klassischer Konditionierung. Für den Hund bekommt ein eigentlich unbedeutender Reiz (Geräusch des Öffnens) die Bedeutung eines schon zuvor bedeutenden Reizes (Futter).

Wichtig für eine gelingende Konditionierung: Der zu konditionierende Reiz (z. B. Geräusch) muss kurz vor dem ursprünglichen Reiz (Futter) gesetzt werden. Und die Abfolge der Reize muss zuverlässig erfolgen und häufig wiederholt werden.

Beispiel: Ein Hund sucht intensiv eine Fährte, der Hundeführer ist 5 m hinter ihm. Der Hund bewältigt souverän eine schwierige Stelle. Will der Hundeführer seinen Hund dafür loben, muss er dies innerhalb von zwei Sekunden zum gezeigten Verhalten tun. Da er dies aufgrund des Abstandes nicht rechtzeitig mit Futter oder einer Streicheleinheit tun kann und dies auch das Training unterbrechen würde, wird der Hund zunächst durch ein hörbares Signal für sein Verhalten gelobt. Dies gelingt nur, wenn der Hund dieses Signal außerhalb der Fährte zuvor mit Futter oder Streicheleinheiten positiv verknüpft hat. Dabei kann das Signal ein Lobwort o. Ä. sein. Es sollte so konditioniert sein, dass der Hund das gezeigte Verhalten auch nach dem Signal weiterhin zeigt. Ein konditioniertes Lobwort z. B. „Toll" ist ein gut geeignetes indirektes Signal, um den Hund zu motivieren, das gewünschte Verhalten weiterhin zu zeigen.

Ein angenehmer Reiz: Rennen, jagen ...

... und spielen.

OPERANTE KONDITIONIERUNG

Des Weiteren lernt ein Hund aus den Folgen (Konsequenzen), die sein Verhalten für ihn hat (operante Konditionierung). Dies können

— angenehme Folgen sein, die den Hund dazu motivieren, das Verhalten öfter zu zeigen oder
— unangenehme Folgen. Dann wird der Hund sein Verhalten seltener zeigen.

Es lohnt sich, die operante Konditionierung näher zu betrachten. Wir brauchen sie, um unsere Hunde erfolgreich in ihrem Verhalten zu beeinflussen. Die Lerntheorie nennt vier Verstärkertypen, die das Verhalten eines Hundes beeinflussen. Als Konsequenz auf ein Verhalten des Hundes kann der Hundeführer:

Einen (aus der Sicht des Hundes) angenehmen Reiz geben. Das kann alles sein, was für den Hund von Natur aus motivierend ist (primäre Verstärker), also: Futter, Spielen, Rennen, Jagen, Zerren, Schütteln, Buddeln, Körperkontakt ... Zusätzlich können auch sekundäre Verstärker (z. B. Clicker, Lob, Handbewegung, Geräusch, ...) angewendet werden. Diese müssen zuvor klassisch konditioniert werden. Erst dann löst der sekundäre Verstärker die gleiche positive Reaktion aus, wie der primäre Verstärker, auf den er verweist.
Beispiel: Im Fährtentraining wird in die Schuhabdrücke Futter gelegt, das der Hund, wenn er den Abdruck wie gewünscht untersucht, aufnehmen kann. Er wird daher weiterhin jeden Schuhabdruck untersuchen.

Einen unangenehmen Reiz entfernen.
Dabei bedeutet unangenehm nicht automatisch schmerzhaft. Hungergefühl ist ein unangenehmer Reiz, der bei Gabe von Futter gelindert wird. Daher ist ein hungriger Hund meist motivierter, etwas zu tun, als ein satter. **Beispiel:** Im Fährtentraining ziehen übermotivierte Hunde häufig sehr stark an der Leine. Dies ist für den Hund unangenehm. Sobald der Hund nicht mehr so stark zieht, erfährt er zeitgleich eine Erleichterung seiner Situation und wird sein Verhalten wahrscheinlich ändern (manchmal erst nach einiger Zeit).

Einen angenehmen Reiz entfernen.
Ein angenehmer Reiz ist zum Beispiel die Aufmerksamkeit des Hundeführers. Zeigt der Hund ein unerwünschtes Verhalten, wird der Hund kurzzeitig ignoriert. Erst wenn er sich wieder wie gewünscht verhält,

bekommt er Aufmerksamkeit. Manche Hunde können bei Nichtbeachtung allerdings mit Aggression reagieren oder ihnen ist die Aufmerksamkeit des Hundeführers nicht so wichtig wie z. B. das Jagen einer Katze. Ein Hundeführer sollte daher diesen Verstärker sehr überlegt einsetzen und genau beobachten, ob das Entfernen des Reizes die gewünschte Auswirkung hat.

Beispiel: Für gut ausgebildete Fährtenhunde ist das Suchen mit einer sehr positiven Erwartungshaltung verknüpft (angenehmer Reiz). Wenn der Hundeführer die Sucharbeit abbricht, weil der Hund sich nicht wie gewünscht verhalten hat, wird dieser Abbruch vom Hund als Tadel oder „Bestrafung" wahrgenommen. Es wird ihn motivieren, sich beim nächsten Training wie vom Hundeführer gewünscht, zu verhalten. Allerdings kann solch ein Fährtenabbruch für manche Hunde sehr demotivierend und frustrierend wirken, sodass sie den Spaß an der Sucharbeit verlieren. Sie sehen an der Reaktion Ihres Hundes, ob Ihre Maßnahme den gewünschten Erfolg hat.

Einen unangenehmen Reiz hinzufügen. Zu den unangenehmen Reizen zählt ein Tadel durch die Stimme, konstante Überforderung oder auch Leinenzupfer und Stupser. Eigentlich ist es an dieser Stelle überflüssig zu erwähnen, doch die Bestimmungen des Tierschutzgesetzes sind unbedingt einzuhalten. Die Beziehung zum Hundeführer darf in keinem Fall durch unangenehme Reize beeinträchtigt werden. Beobachten Sie deshalb Ihren Hund genau. Im Fährtentraining, wie überhaupt auch generell, sollte man unangenehme Reize vermeiden, denn sie haben auf die Motivation und das Suchverhalten meist negative Auswirkungen (Meideverhalten, Übersprungshandlungen, Stresssymptome, Demotivation).

Beispiel: Bei zu schweren Fährten macht ein Hund vermehrt Fehler. Wenn der Hundeführer unter Stress steht und seinen Hund für die Fehler tadelt, kommen Überforderung und unberechtigter Tadel zusammen. Geschieht dies häufiger, kann das einen Hund demotivieren, die Fährte mit Freude zu suchen.

Futter auf der Fährte ist ein angenehmer Reiz, der das genaue Untersuchen der Schuhabdrücke belohnt und damit verstärkt.

AUSWIRKUNGEN AUF DIE EMOTIONEN

Die unterschiedlichen Verstärkerreize haben allerdings nicht nur Auswirkungen auf das Verhalten des Hundes, sondern auch auf seine Emotionen.

☞ VERSTÄRKERREIZE UND DEREN FOLGEN

	Einen angenehmen Reiz geben	**Einen unangenehmen Reiz entfernen (etwas Unangenehmes wird beendet)**
Beispiel	Futter, Spielen, Lob, Streicheln	Blockierung der Leine lösen, hungrigen Hund füttern, unbeachteter Hund bekommt Aufmerksamkeit, Langeweile oder Alleinsein wird durch das Training beseitigt
Emotionen des Hundes	Freude, Zuneigung, Motivation	Erleichterung, Motivation
gewünschtes Verhalten wird	wahrscheinlicher und intensiver	wahrscheinlicher und intensiver
Gefahren	Übermotivation und damit Lernhemmung, Ablenkung von eigentlicher Aufgabe	Unangenehmes ist weniger bedeutsam als das unerwünschte Verhalten, Hund unterlässt sein Verhalten eventuell nicht

	Einen unangenehmen Reiz geben	**Einen angenehmen Reiz entfernen (etwas Angenehmes wird weggenommen)**
Beispiel	Tadel, Klaps, Leinenruck	Hund wird nicht mehr beachtet, eine angenehme Tätigkeit (spielen) wird bei unerwünschtem Verhalten beendet
Emotionen des Hundes	Angst, Schmerz, Abneigung	Demotivation
gewünschtes Verhalten wird	seltener	seltener
Gefahren	Hund meidet Situation, Belastung der Beziehung Hund-Hundeführer	Wegnehmen von Angenehmem ist für den Hund unangenehmer als die innere Belohnung durch das unerwünschte Verhalten, Hund unterlässt sein Verhalten eventuell nicht

Unerwünschtes Jagdverhalten auf der Fährte: Wo läuft der Hase?

Wie ein Hund auf die einzelnen Verstärker reagiert, ist individuell sehr unterschiedlich. Genügt bei einem Hund ein unwilliges, leises Geräusch, ist bei einem anderen Hund ein lautes, nachdrückliches „Nein“ erforderlich. Während manchen Hunden leichte Tadel oder wiederholte Korrekturen so unangenehm sind, dass sie dadurch stark demotiviert sind und nicht mehr suchen wollen, können andere auf diese Art und Weise problemlos korrigiert werden.
Während den einen Hund ein freundliches Lob motiviert, benötigt ein anderer Hund einen starken Gefühlsausbruch seines Hundeführers, um motiviert zu werden. Und solch ein Gefühlsausbruch könnte einen anderen Hund wiederum zu unerwünschtem Verhalten animieren, wie z. B. am Hundeführer hochzuspringen.
Die eingesetzte Belohnung muss aus der Sicht des Hundes eine Belohnung sein. Welches Futter beispielsweise für den Hund besonders attraktiv ist und die gewünschte Wirkung hat, entscheidet der Hund und nicht für alle Hunde ist z. B. Streicheln während einer Übung angenehm. Aus einem beabsichtigten Lob wird so etwas für den Hund Unangenehmes und macht das vom Hundeführer gewünschte Verhalten unwahrscheinlicher. Beobachten Sie die Reaktion Ihres Hundes auf die unterschiedlichen Verstärker und ziehen Sie daraus die geeigneten Konsequenzen.

BEISPIELE FÜR FEHLVERKNÜPFUNGEN

Beispiel spätes Timing Ein Hund sucht intensiv, er arbeitet jeden einzelnen Tritt aus. Der Hundeführer will ihn dafür loben, hat aber eine Reaktionszeit vom Entschluss bis zur Ausführung von 3 Sekunden. Im Augenblick des Lobes ist der Hund allerdings gerade dabei, ein Mauseloch zu untersuchen. Damit hat der Hundeführer

TIMING

Zudem ist das richtige Timing sehr wichtig, sowohl bei der operanten als auch bei der klassischen Konditionierung. Die Konsequenz (Verstärkerreiz) auf ein Verhalten muss innerhalb von 1 bis 2 Sekunden erfolgen. Daher sollte die volle Aufmerksamkeit des Hundeführers bei seinem Hund sein, damit er rechtzeitig reagieren kann.

ein unerwünschtes Verhalten gelobt. Der Hundeführer kann nie sicher sein, dass der Hund auch das gelernt hat, was er beabsichtigt hat. Es ist wichtig, dies im Training zu berücksichtigen.

Beispiel Verweisen Ein Fährtenhund lernt das Verweisen. Er soll sich vor den Gegenstand legen, sodass sich der Gegenstand zwischen seinen Vorderpfoten befindet. Der Hund lernt schnell und nach einigen Wiederholungen sieht es so aus, als ob er es verstanden hätte, was gewünscht ist. Bei einem späteren Training liegt der Gegenstand zufällig in starkem Gegenwind und der Hund legt sich ca. 3 m davor hin. Der Hund hat ihn frühzeitig gerochen und darauf sofort mit Hinlegen reagiert. Er hatte, ohne dass es der Hundeführer bemerkt hatte, gelernt: Er soll sich sofort hinlegen, sobald er den Gegenstand riecht. Es ist ein mühsamer Weg, diese von uns nicht erwünschten Verknüpfungen zu lösen und ein korrektes Verweisverhalten anzutrainieren.
Wie Sie sehen, entstehen falsche Verknüpfungen manchmal unbemerkt und unbeabsichtigt. Der Hundeführer kann sie nur am Verhalten seines Hundes erkennen. Viele, ja die meisten Fehler, die ein Hund im Training macht, beruhen auf Fehlverknüpfungen. Selten steht hinter einem nicht korrekten Suchverhalten ein Nichtwollen des Hundes!
Aus der Vielzahl möglicher Fehlverknüpfungen hier eine kleine Auswahl:

Ereignisse	Beispiel
Verknüpfung unbeabsichtigter Dinge durch den Hund	Der Hund soll lernen, jeden Schuhabdruck zu suchen, unbeabsichtigt lernt er entlang einer Saatrille zu suchen, weil dort die ersten Fährten verliefen. Die Fährten werden immer vom selben Menschen gelegt. Der Hund sucht Fremdfährten nicht oder nur stark verunsichert.
nicht konstant gleiche Reaktion des Hundeführers auf gleiches Verhalten des Hundes	Untersuchen von Mauselöchern wird nicht immer getadelt, weil der Hundeführer nicht aufmerksam genug oder mit seiner Reaktion überfordert ist. Dadurch bleibt der Hund unsicher, ob Mauselöcher suchen erlaubt oder nicht erwünscht ist. Er wird dieses Verhalten vermutlich wieder zeigen. Es gehört zu seinem Erkundungsverhalten und ist mit angenehmen Emotionen verbunden.
Reaktion des Hundeführers zu spät	Hund sucht konzentriert, wird kurzzeitig durch ein Geräusch abgelenkt und hebt den Kopf. Dann sucht er intensiv weiter. Der Hundeführer will ihn für das Heben des Kopfes tadeln, tut dies aber erst, als der Hund wieder intensiv sucht.
zeitgleiche Ereignisse	Unangenehme Ereignisse während des Suchens: Kühe, die den Hund erschrecken, angreifende Hunde, beißende Ameisen werden mit der Fährtenarbeit verknüpft, der Hund vermeidet daraufhin das Suchen einer Fährte.

VERKNÜPFUNGEN LÖSCHEN

Ein Hund lernt ein Verhalten in der Regel nicht für immer und ewig. Wird das gewünschte Verhalten nicht immer wieder geübt, wird die Wahrscheinlichkeit sinken, dass der Hund das erlernte Verhalten zuverlässig zeigt. Das gelernte Verhalten wird wieder verlernt bzw. gelöscht. Je nach Hundetyp kann sich dieses Phänomen der Auslöschung (Extinktion) im Training sehr schnell oder mit zeitlicher Verzögerung auswirken.

Das ist auch der Grund, weshalb es sinnvoll ist, den Hund im Training immer wieder zu belohnen. Die Suchmotivation wird dadurch erneut angeregt und erhalten. Auch wenn es so scheint, dass ein Hund eine Fährte sehr gern sucht, kann ein Hundeführer schwer unterscheiden, ob es der Spaß am Suchen ist oder die Erwartung, Futter zu finden. Die Erfahrung zeigt, dass die meisten Hunde Futter benötigen, um die Suchmotivation zu erhalten. Näheres dazu finden Sie im Kapitel Motivation Seite 28.

HÖRZEICHEN

In der Fährtenhundausbildung verwenden wir Hörzeichen, um unserem Hund zu signalisieren, was wir von ihm möchten. Diese Hörzeichen müssen zuerst mit dem entsprechenden Verhalten verknüpft werden. Im vorhergehenden Kapitel haben Sie bereits die unterschiedlichen Arten der Konditionierung kennengelernt. Dies wenden wir nun auf konkrete Beispiele an. Im Training benötigen wir das Hörzeichen „Such“ und ein Abbruchsignal, beispielsweise „Nein“. Die Bedeutung von „Nein“ sollte der Hund im Alltag lernen. Weitere sinnvolle Hörzeichen wären „Sitz“, „Platz“ oder „Steh“, je nachdem, welche Art des Verweisens der Hund zeigen soll.

Übermotivierte Suche

WIE BRINGT MAN DEM HUND DIE BEDEUTUNG EINES HÖRZEICHENS BEI?

Bringen Sie Ihren Hund dazu, das gewünschte Verhalten von sich aus zu zeigen, mit Unterstützung von Futter oder durch leichte Berührungen.

Beispiel: Zur Konditionierung des Hörzeichens „Such“ legen Sie Futter in das Suchfeld. Sobald der Hund daraufhin mit der Nase am Boden schnüffelt, sagen Sie immer wieder freundlich und motivierend „Such“, am besten in einer hohen Tonlage. Nach sehr vielen Wiederholungen (> ca. 60) wird der Hund „Such“ mit Futter am Boden und dem Suchen in Verbindung bringen. Eventuell hat er auch schon gelernt, dass Futter nur auf dem betretenen Boden zu finden ist. Dieser Boden riecht für den Hund anders als der nicht betretene Boden.

Erst nach vielen Wiederholungen können Sie davon ausgehen, dass, wenn sie das Hörzeichen „Such“ geben, der Hund die Nase senkt und anfängt zu suchen. Auch dann ist noch nicht klar, ob er das Hörzeichen mit der Fährte, d. h. dem veränderten Bodengeruch, verbunden hat, oder zunächst mit dem Senken der Nase und dem Futter auf dem Boden.

Intensives Spielen mit dem Hund.

Die Körperhaltung des Menschen signalisiert eine Unterbrechung des Spiels.

Nach der Unterbrechung des Spiels wird nach Aufforderung durch den Hundeführer das Spiel fortgesetzt.

ABBRUCHSIGNAL

Im Training ist es wichtig, dem Hund signalisieren zu können, dass sein gerade gezeigtes Verhalten nicht erwünscht ist, und er es lassen soll. Wir benötigen ein Abbruchsignal.

Ihr Hund sollte das Abbruchsignal bereits vor dem Fährtentraining kennen und befolgen. Es ist individuell verschieden, auf welche Signale hin der Hund seine Handlung unterlässt. Hier gibt es viele Abstufungen und Arten von Abbruchsignalen: von einem unwilligen Geräusch des Hundeführers bis hin zu einem scharfen „Nein", eventuell mit einer abwehrenden Geste oder einem erschreckenden Geräusch verbunden. Je früher und konsequenter ein Hund diese Signale lernt und daraufhin seine Handlung unterbricht, desto feiner ist die notwendige Einwirkung. Wenn das Erregungslevel des Hundes allerdings schon recht hoch ist, muss das Abbruchsignal meistens stärker gegeben werden, um zu ihm durchzudringen. Da sich der Hund bei der Suche in einem niedrigen bis mittleren Erregungszustand befinden sollte, reicht ein unwilliges Geräusch in der Regel aus. Problematisch wird es bei Verhaltensweisen, die eine hohe Erregung auslösen, wie z. B. ein flüchtender Hase. Hier hilft oft nur, den Hund mit der Leine zu blockieren und zu warten, bis sich die Erregung etwas gelegt hat. In solchen Fällen ist ein gezieltes Training außerhalb des Fährtentrainings notwendig, bei dem der Hund lernt, das Beutefangverhalten zu unterbrechen.

STOPP-HÖRZEICHEN

Untersuchungen haben gezeigt, dass ein Stopp-Hörzeichen oder eine abweisende Hand eine größere und nachhaltigere Wirkung zeigt, als nur eine positive Verstärkung des erwünschten Verhaltens.

VERHALTEN UNTERBRECHEN

Bringen Sie Ihrem Hund von Anfang an geeignete Abbruchsignale bei. Bestehen Sie darauf, dass er sein Verhalten unterbricht. Beachten Sie auch hier: Ihr Hund muss erst lernen, ein ihm angenehmes Verhalten zu unterbrechen. Steigern Sie die Schwierigkeit langsam. Achten Sie darauf, dass Sie beim Üben immer die Möglichkeit haben, das unerwünschte Verhalten Ihres Hundes zu unterbrechen, sollte er Ihr Signal nicht befolgen. Auch hier ist das richtige Timing wichtig. Wenn das Hörzeichen später als zwei Sekunden nach der unerwünschten Aktion des Hundes erfolgt, kann der Hund es meist nicht mehr korrekt mit seiner Handlung in Verbindung bringen.
Das Training des Abbruchsignals sollte nie zu Lasten Ihrer Beziehung gehen. Unterbricht der Hund sein Verhalten, zeigen Sie ihm sofort, was Sie von ihm möchten. Zeigt er dieses Verhalten, loben Sie ihn.
Beispiel: Eine gute Gelegenheit, ein Abbruchsignal einzuüben, ist z. B. beim Spiel mit dem Hund. Geben Sie während des Spielens das Hörzeichen „Nein" zusammen mit einer abwehrenden Geste. Verhindern Sie, dass der Hund weiterspielt. Unterbricht er das Spiel, loben Sie ihn. Nach einer kurzen Zeit geben Sie ein weiteres Hörzeichen, z. B. „Okay", und spielen mit ihm weiter. Beginnen Sie das Training in einer ruhigeren Spielphase, damit er eine Chance hat, sein Verhalten zu unterbrechen. Er muss erst lernen, sich zu beherrschen. Steigern Sie erst nach und nach die Schwierigkeit.

WANN IST EIN ABBRUCHSIGNAL ANGEBRACHT?

Es ist wichtig, einschätzen zu können, wann ein Abbruchsignal angebracht ist. Wenn der Hund überfordert ist und abseits der Fährte sucht, ist ein Abbruchsignal meist nicht sinnvoll. Denn der Hund sucht ja intensiv, er hat nur gerade die Fährte verloren. Hier ist es besser, wenn der Hundeführer ihn ermutigt, weiterzusuchen, oder ihm ggfs. mit Zeigegesten hilft.

UNTER HUNDEN

Hunde untereinander zeigen auch Abbruchsignale, die reine Drohsignale sind (Knurren, strenger Blick, ...). Sie dienen u. a. als Aufforderung, den eigenen Freiraum zu akzeptieren. Normalerweise führen Abbruchsignale unter Hunden nicht zu einer Belastung der Beziehung. Um dies zu erreichen, sendet der Empfänger des Abbruchsignals als Zeichen dafür versöhnliche Körpersignale. Auch in der Beziehung Mensch – Hund darf ein Abbruchsignal die Beziehung nicht belasten.
Beispiel: Beobachten Sie, wie Ihr Hund nach einem Abbruchsignal reagiert. Beendet er sein Verhalten? Ist er verunsichert und weiß nicht, was er tun soll?

GEWÖHNUNG UND SENSIBILISIERUNG

Gewöhnung ist der Segen oder auch Fluch einer Hundeausbildung. Einerseits ist die Gewöhnung eines Hundes an Reize erwünscht. Der Hund soll z. B. nicht jedes Mal bellen, wenn der Nachbar die Autotür zuschlägt. Andererseits gibt es Situationen (z.B. Tadel), an die sich der Hund nicht gewöhnen soll. Beim einem Tadel soll er sein unerwünschtes Verhalten beenden.
Das Gegenteil der Gewöhnung ist die Sensibilisierung. Hier gewöhnt sich der Hund nicht an die Reize, sprich, er nimmt sie kaum noch wahr, sondern er reagiert immer stärker auf sie. Manche Hunde haben Angst beim Autofahren. Anstatt sich daran zu gewöhnen, reagieren manche immer ängstlicher bis hin zu Paniksymptomen. Teilweise beginnt dieses Verhalten schon, wenn der Hundeführer den Autoschlüssel in die Hand nimmt.
Bevor Sie Ihren Hund neuen Eindrücken aussetzen, überlegen Sie daher genau, ob er sich an diese Eindrücke so gewöhnen soll, dass er keinerlei Reaktion mehr zeigt, oder ob er zunehmend empfindlich darauf reagieren soll.

GEWÖHNUNG UND SENSIBILISIERUNG IM FÄHRTENTRAINING

Beim Fährtentraining benötigen wir beide Mechanismen. Hier einige Beispiele: Keine Reaktion des Fährtenhundes ist u. a. gewünscht bei: sprechenden und lachenden Menschen während der Fährtenarbeit, bellenden Hunden abseits der Fährte, auffliegenden Vögeln, kreuzenden Wildspuren, Kühen auf einer angrenzenden Wiese, Windrädern, langen Wartezeiten im Auto, einer verhakten Leine, …
Ein Fährtenhund sollte aber sensibel sein u. a. auf Veränderungen im Geruchsbild der Fährte, auf Lob bzw. Tadel des Hundeführers, auf Richtungsänderungen der Fährte, auf Gegenstände auf der Fährte …
Wie erreicht man eine Gewöhnung an Umwelteinflüsse, ohne dass eine Sensibilisierung stattfindet? Der neue Reiz,

Entspannt Auto fahren und im Auto warten

Langsames Gewöhnen an Ablenkungen neben der Fährte

Desensibilisierung gegenüber Windrädern, anderen Menschen und Hunden im Fährtengelände

z. B. ein Geräusch, sollte zu Beginn der Gewöhnung nicht zu stark auftreten. Erst wenn sicher ist, dass keine Sensibilisierung in Form von Angstverhalten oder einer verstärkten Reaktion auf den Reiz auftritt, kann der Reiz verstärkt werden.

Beispiel: Auf der Fährte soll der Hund nicht auf sprechende Menschen reagieren. Trainieren Sie zunächst in einer Umgebung, bei der die Menschen sich weiter entfernt aufhalten. Machen Sie Ihrem Hund deutlich, dass Sie keine Reaktion Ihres Hundes darauf wünschen. Zeigt der Hund im Lauf des Trainings keine Reaktionen auf entfernt stehende Menschen, verringern Sie die Distanz. Erhöhen Sie langsam die Lautstärke der Sprechenden. Zuletzt sollten die Menschen auch in die Hände klatschen oder laut lachen können, ohne dass der Hund eine Reaktion zeigt.

IMPULSKONTROLLE

Bei der Fährtenarbeit ist es wichtig, dass der Hund nicht jedem Impuls, etwas anderes zu tun, nachgeht. Je nach Rasse und Hundepersönlichkeit ist die Reizschwelle unterschiedlich stark ausgeprägt. Schon eine davonrennende Maus kann bei einem Jagdhund intensives Beutefangverhalten auslösen. Hier ist es sinnvoll, generell ein Training zur Impulskontrolle durchzuführen. Dabei lernt der Hund sich zu beherrschen. Übungen, bei denen der Hund warten muss, sind hier sehr hilfreich. Jedoch gilt auch hier: den Schwierigkeitsgrad langsam steigern. Der Hund muss die Möglichkeit haben, sich beherrschen zu lernen. Am besten trainieren Sie dies mit Ihrem Hund immer wieder außerhalb des Fährtentrainings, steigern die Schwierigkeit langsam und fordern nicht zu viel Selbstbeherrschung auf einmal.

Beispiel: Gehen Sie mit der Futterschüssel zum Futterplatz des Hundes. Bevor Ihr Hund fressen darf, soll er auf ein entsprechendes Zeichen von Ihnen warten. Sie können ihm dies sowohl durch eine abwehrende Handbewegung als auch durch ein „Nein“ deutlich machen. Nach kurzer Zeit geben Sie ihm die Erlaubnis zu fressen. Steigern Sie die Schwierigkeit der Übungseinheiten langsam und seien Sie kreativ in der Gestaltung der Übungen. Es ist faszinierend zu erleben, wie ein Hund nach erfolgreichem Impulstraining eine Fleischwurst im Maul hält und diese erst nach Aufforderung frisst. Ziel des Impulstrainings ist ein Hund, der auf Außenreize beherrschter reagieren kann.

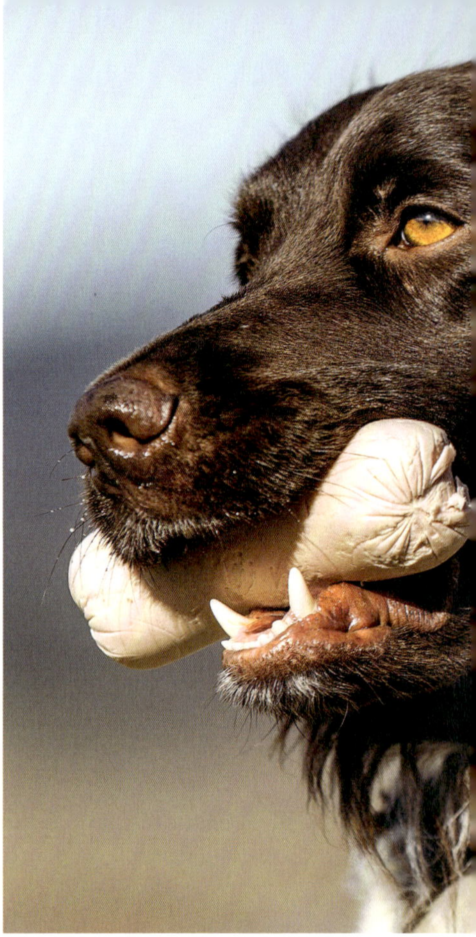

Die hohe Kunst der Impulskontrolle: Der Hund

STRESS BEIM LERNEN

Starker Stress ist Gift für erfolgreiches Lernen. Leichter Stress dagegen kann zu einer Erhöhung der Gedächtnisleistung führen. Was aber ist Stress? Wie äußert er sich beim Hund? Stress ist zunächst eine Reaktion des Körpers auf einen Reiz. Durch eine Ausschüttung von Adrenalin, Noradrenalin, Cortison und Cortisol wird der Körper in eine maximale Leistungsbereitschaft versetzt. Er kann schnell auf den Reiz reagieren. Die Kehrseite ist jedoch eine verminderte Lernfähigkeit je größer der Stress ist. Im Extremfall können sogar bereits erlernte Übungen nicht mehr korrekt ausgeführt werden. Wie stark ein Reiz bei einem Hund Stress auslösen kann, ist individuell sehr unterschiedlich. Das Silvesterknallen führt bei manchen Hunden beispielsweise zu Panikattacken, andere Hunde versetzt es überhaupt nicht in Aufregung. Zusätzliche Faktoren, wie stark ein Reiz vom Hund als Stress empfunden wird, sind u. a. seine Rasse, der Ausbildungsstand, seine Vorerfahrungen, sein Gesundheitszustand und seine Beziehung zum Hundeführer.

Übergroße Motivation kann bei einem Hund ebenfalls Stress und damit verminderte Lernfähigkeit verursachen.

Beim Fährtentraining benötigen wir ein mittleres Erregungsniveau. Das Training sollte beim Hund keinen übermäßigen Stress hervorrufen (z. B. durch ständige Überforderung, Bestrafung o. Ä.). Ein Hund sollte durch gezieltes, sich langsam steigerndes Training lernen, mit stressigen Situationen umzugehen.

ANZEICHEN VON STRESS

Stress zeigt sich beim Hund u. a. durch Hecheln, Anlegen der Ohren, Gähnen, sich Schütteln, Bellen oder Fiepen.

frisst die Wurst nur auf ein Hörzeichen hin.

STRESS ERZEUGENDE MOMENTE

Im Fährtentraining gibt es immer wieder Stress erzeugende Momente, auch ohne unser Zutun. Hier einige Beispiele:

- Ein Hund findet die Fährte nicht.
- Ein Hund wird vom Hundeführer getadelt oder korrigiert.
- Ein Hund gerät in einen Zwiespalt zwischen dem, was der Hundeführer will, und was er selbst möchte (z. B. flüchtendes Wild jagen während der Sucharbeit).
- Ein Hundeführer ist ärgerlich oder gestresst (z. B. nach beruflichem Ärger, oder Zeitdruck beim Training). Dies überträgt sich auf den Hund.
- Das Verweisen von Gegenständen setzt manche Hunde unter Stress, weil sie weitersuchen möchten.
- Eine Prüfungssituation (bellende Hunde, aufgeregter Hundeführer, andere Menschen beim Suchen)
- Eine für den Ausbildungsstand des Hundes zu schwere Fährte

Wirkt starker Stress (z. B. Bedrohung) auf den Hund, hat er vier Möglichkeiten zu reagieren:

- Kampf, Aktion (Fight)
- Erstarren, Totstellen (Freeze)
- Vermeiden, Flüchten (Flight)
- Beschwichtigen (Flirt)

Keine dieser möglichen Reaktionen unterstützt ein optimales Lernverhalten. Zeigt ein Hund eine dieser Verhaltensweisen, kann der Hundeführer davon ausgehen, dass sein Hund gerade starkem Stress ausgesetzt ist.

EMOTIONEN UND LERNEN

Sowohl Hund als auch Hundeführer lernen und trainieren erfolgreicher, wenn das Training mit positiven Emotionen wie Spaß und Freude verbunden ist. Da ein Hund die Emotionen seines Hundeführers wahrnehmen kann, ist es wichtig, dass das Fährtentraining auch dem Hundeführer Spaß macht. Ansonsten überträgt sich die Lustlosigkeit leicht auf den Hund. Daher sollte man Unlust, Gereizheit, Zeitdruck und Stress im Training vermeiden und ggfs. das Training auf einen Tag verschieben, an dem man besser drauf ist.
Auch unter diesem Aspekt der Emotionen beim Lernen ist der Leitsatz des Fährtentrainings wichtig: Das Training so planen, dass der Hund die Fährte zum größten Teil möglichst fehlerfrei und sicher absuchen kann. Ständige Überforderung, Korrekturen und Misserfolge motivieren weder den Hund noch den Hundeführer. Sie führen zu negativen Emotionen und damit zu einem beeinträchtigten Lernverhalten des Hundes.

KÖRPERLICHE UND GEISTIGE FITNESS

Für die Fährtenarbeit benötigt der Hund sowohl körperliche als auch mentale Kondition. Die Nasenarbeit beansprucht den gesamten Organismus. Sowohl der Kreislauf als auch der Bewegungsapparat werden trainiert. Deshalb ist ein allgemeines, dem Alter des Hundes angepasstes Konditionstraining für die allgemeine Fitness sinnvoll, wie z. B. Radfahren, Joggen, ...
Zudem muss der Hund während des gesamten Fährtenverlaufs konzentriert suchen. Dies erfordert eine hohe und ausdauernde Konzentrationsfähigkeit, die im Training nach und nach aufgebaut wird. Für den Hundeführer ist es daher wichtig, die Ermüdungserscheinungen seines Hundes erkennen zu können. Diese sind von Hund zu Hund unterschiedlich.
Ermüdungsanzeichen können sein:

— Ein deutliches und vermehrtes Heben des Kopfes. Wohingegen ein leichtes Heben der Nase meist ein Entspannungsversuch ist, der nicht unbedingt auf Ermüdung hindeutet.
— Eine deutlich sich senkende Rute im Verlauf der Fährtenarbeit (beachten Sie: bei manchen Hunden ist das Senken der Rute die Arbeitshaltung)
— Ein unvermitteltes Stehenbleiben auf der Fährte
— Das Einstellen der Sucharbeit

Alle diese Zeichen können aber auch Anzeichen für andere Probleme wie z. B. mangelnde Motivation auf der Fährte sein. Daher muss der Hundeführer zunächst die gesamte Situation (Wetter, Länge der bereits gesuchten Fährte, ...) betrachten. Danach sollte er die wahrscheinlichste Begründung für das gezeigte Verhalten ermitteln, angemessen reagieren und zum Schluss seine Vermutung über die Gründe des Verhaltens überprüfen.

Bei den ersten Erschöpfungssymptomen sollte die Fährte geplant abgebrochen werden, am besten am nächsten Gegenstand. Oder Sie platzieren schnell, vom Hund unbemerkt, einen größeren Futterbrocken auf der Fährte und beenden diese danach. Planen Sie die nächste Fährte entsprechend kürzer.
Für den Konditions- und Konzentrationsaufbau gibt es je nach Hundetyp unterschiedliche Möglichkeiten. Manche Hunde suchen gern mehrmals in der Woche etwas kürzere Fährten und ab und zu dann auch längere. Andere Hunde hingegen verlieren bei diesem Vorgehen ihre Motivation. Achten Sie immer auf die Körpersprache Ihres Hundes. Ist er motiviert, die Fährte zu suchen oder eher nicht? Wenn Sie aufgrund der Veranlagung Ihres Hundes nur einmal in der Woche trainieren können: Steigern Sie langsam die Länge der Fährten und machen Sie ein allgemeines Konditionstraining außerhalb der Fährtenarbeit.

ZUSAMMENFASSUNG

— Motivieren Sie Ihren Hund zur Sucharbeit. Das Erregungsniveau sollte weder zu niedrig noch zu hoch sein.
— Erhalten Sie die Motivation.
— Achten Sie auf die Gesundheit Ihres Hundes. Bieten Sie ihm vor und nach dem Training Wasser an. Geben Sie ihm Gelegenheit, sich vor dem Training zu entleeren. Bewegen Sie ihn vor und nach dem Training.
— Bauen Sie Aufwärmübungen und nach dem Training Cool-Down-Übungen in den Trainingsablauf (Rituale) ein.
— Achten Sie auf eine funktionierende Kommunikation zwischen Ihrem Hund und Ihnen. Kann Ihr Hund Lob und Tadel voneinander unterscheiden?

- Beobachten Sie Ihren Hund in jeder Phase des Trainings genau. Lernen Sie seine Körpersprache kennen.
- Setzen Sie die unterschiedlichen Verstärker bei der Konditionierung gezielt und überlegt ein. Lernen am Erfolg ist ein sehr guter Verstärker. Meiden Sie sehr unangenehme Erfahrungen des Hundes während des Trainings.
- Wenn Sie Ihren Hund korrigieren wollen, tun Sie dies innerhalb von 1 – 2 Sekunden.
- Das gewünschte Verhalten Ihres Hundes muss Ihnen während des gesamten Trainings bewusst sein.
- Bei einem Fehlverhalten sollten Sie zunächst von einem Ausbildungsfehler ausgehen.
- Geben Sie Korrektursignale nur, wenn Sie die Möglichkeit haben, in die Situation einzugreifen (z. B. durch eine kurze Leine).
- Die Windrichtung sollte Ihnen beim Legen der Trainingsfährte und bei der Auswertung des Trainings bekannt sein.
- Der Hund sollte die Trainingsfährten meistens ohne Probleme und sicher ausarbeiten können. Planen Sie kleine Lernschritte, eine langsame Steigerung der Schwierigkeiten und zeigen Sie ein konsequentes Verhalten als Hundeführer (immer gleiche Reaktionen auf gleiche Aktionen des Hundes).
- Überprüfen Sie Ihre Vermutungen über die Gründe von unerwünschtem Verhalten Ihres Hundes auf der Fährte.
- Trainieren Sie nicht nur allein.
- Lassen Sie Ihren Hund ab und zu Fremdfährten suchen.
- Verwenden Sie auch Fremdgegenstände.

Allgemeines Konditionstraining (z. B. ausdauerndes Laufen) als Ergänzung zum Fährtentraining

TRAININGS-AUFBAU

— *Schritt für Schritt*

TRAININGSAUFBAU

Jetzt sind Sie schon fast am Beginn der Fährtenhundausbildung. Nur noch kurz etwas zum generellen Aufbau des Trainings, dem Leitgedanken des Fährtentrainings sowie den Fachausdrücken und dann geht es an die konkreten Vorbereitungen des Trainings. Für einen gelingenden Trainingsaufbau sollten wir immer das Ziel vor Augen haben: einen Hund, der eine getretene Fährte unbeirrt von äußeren Einflüssen sucht, Schwierigkeiten selbstständig löst, seine Nase dicht am Boden hat und die Gegenstände, die sich auf der Fährte befinden, findet und dem Hundeführer zeigt.

Ziel: Der Hund soll mit tiefer Nase exakt der Fährte folgen.

ZIEL DES FÄHRTENTRAININGS

Auch wenn ein Hund sich überwiegend an Gerüchen orientiert, ist ihm das Suchen einer getretenen Fährte nicht angeboren. Eine getretene Fährte führt normalerweise nicht zu Futter, daher hat der Hund vorerst keinen Grund, ihr zu folgen. Zudem geht es bei der Fährtenarbeit nicht nur darum, die Fährte zu finden, sondern auch darum, wie er die Fährte sucht. Das gewünschte Suchverhalten ist durch eine Prüfungsordnung (im Jahr 2019 die IGP) vorgegeben. Ob Sie als Beschäftigung für Ihren Hund trainieren wollen, oder ob Sie eine Prüfung ablegen möchten, in jedem Fall finden Sie in diesem Buch die geeignete Vorgehensweise. Natürlich gibt es auch unter den Hunden Naturtalente, die von sich aus das erwünschte Suchverhalten zeigen, aber das sind eher die Ausnahmen. Für alle anderen gilt: Der Hund muss das gewünschte Verhalten erst erlernen.

Er lernt es durch den Hundeführer und durch die Trainingsfährten (also durch den Fährtenleger). In diesem Buch wird durchgängig der Hundeführer als Ausbilder und Fährtenleger vorausgesetzt. Häufig verfügt ein unerfahrener Hundeführer noch nicht über die Erfahrung und Kompetenzen, um eine Trainingsfährte optimal zu legen oder seinem Hund während der Sucharbeit die notwendige Unterstützung zu geben. Hier ist die Begleitung durch einen erfahrenen Hundetrainer oder Fährtenleger eine große Hilfe. Auch mithilfe dieses Buches können Sie sich systematisch das Wissen für ein gelingendes Fährtentraining aneignen und dann in der Praxis umsetzen. Im Training haben sich folgende Trainingsschritte für ein erfolgreiches Training bewährt:

Trainingsplanung, Durchführung, Beobachtung, Auswertung, Trainingsanpassung.

Zunächst ist es wichtig, die einzelnen Schritte und damit den Trainingsaufbau kennenzulernen. Danach sollten Sie den Hund im Training genau beobachten und sein Verhalten analysieren. Entspricht sein Verhalten dem gewünschten Suchverhalten? Wenn nicht, woran könnte es liegen, und wie könnten Sie das Training so verändern, damit der Hund das gewünschte Verhalten zeigen kann? Eine Übersicht über die möglichen Gründe für ein unerwünschtes Verhalten finden Sie im Kapitel über Korrekturen ebenso wie sinnvolle Korrekturmöglichkeiten. Durch dieses Hintergrundwissen und das gezielte Vorgehen im Training können Sie das Training an Ihren Hund, seine Fähigkeiten, Veranlagungen und persönlichen Eigenschaften anpassen. Denn was für den einen Hund als Trainingsfährte oder Trainingsmethode geeignet ist, ist für einen anderen eventuell nicht geeignet. Die nebenstehende Abbildung zeigt die bewährte Vorgehensweise.

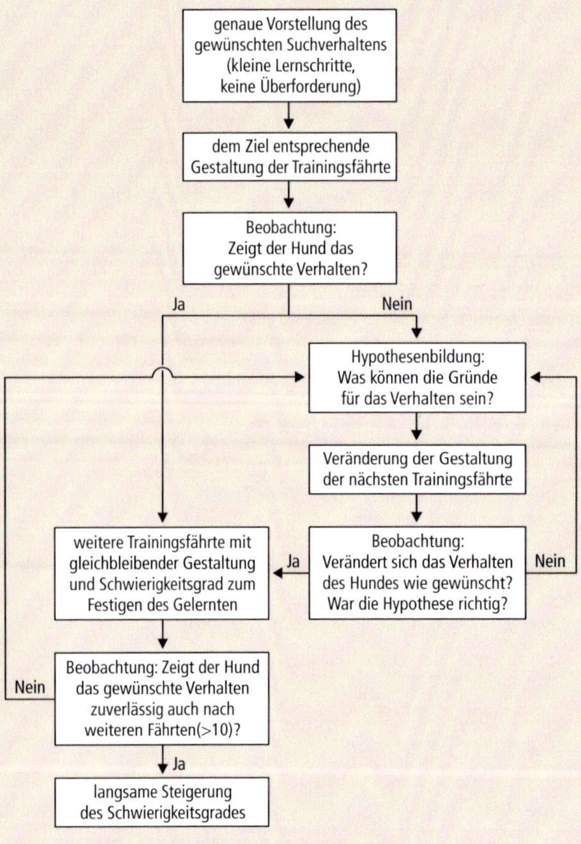

Ablauf einer gelingenden Trainingsplanung

Bei der Beschreibung der Übungen finden Sie neben einer Kurzfassung der Übung:
— eine genaue Beschreibung der Übung
— eine Beschreibung des Idealverhaltens des Hundes
— eine kurze Auflistung möglicher Fehler (genauere Anleitungen zu möglichen Korrekturen finden Sie im entsprechenden Kapitel)
— unterschiedliche Schwierigkeitsgrade der Übung
— was Sie als Hundeführer bei der Übung lernen sollten
— und manchmal ein Fallbeispiel, bei dem Sie Ihre Kenntnisse anwenden können.

MÖGLICHST FEHLERFREIES LERNEN

Die Schwierigkeiten der Trainingsfährte werden für den Hund so geplant, dass er die Fährte mehrheitlich fehlerfrei und ohne Hilfe suchen kann. So lernt der Hund von Anfang an ein sicheres, konstantes Suchverhalten, entwickelt Selbstvertrauen und lernt, Probleme selbstständig zu lösen. Der Hundeführer muss nicht ständig korrigieren, da sein Hund das gewünschte Suchverhalten zeigt. Damit dies gelingen kann, sollten vorhersehbare Ablenkungen für den Hund am Anfang der Ausbildung vermieden werden. Wenn der Hund beim Suchen häufig

überfordert ist, wird er schnell demotiviert oder unruhig und gewöhnt sich ein fehlerhaftes Suchverhalten an.
Für einen guten Trainingsaufbau sollten Sie einschätzen können, was Ihr Hund leicht lernen kann, und wie Sie die Anforderungen an sein Suchverhalten langsam steigern können. Und das Wichtigste bei jedem Training: **Sie müssen den exakten Verlauf der Trainingsfährte kennen.** Nur dann können Sie einschätzen, ob Ihr Hund exakt sucht. Hilfen zum Legen und Finden der Trainingsfährte finden Sie im Kapitel über die Trainingsfährte Seite 121 f..

LERNINHALTE DES FÄHRTENTRAININGS

Hier nun eine Übersicht über die wichtigsten Lerninhalte für Ihren Hund, die in den nächsten Kapiteln genau beschrieben werden. Es sind die Anforderungen der höchsten Prüfungsstufe für einen Fährtenhund. Diese können und sollten von Anfang an dem Ausbildungsstand des Hundes entsprechend trainiert werden. Immer der Regel folgend: Der Trainingsaufbau erfolgt von kleinen Schwierigkeiten hin zu größeren.

Die wichtigsten Lerninhalte für einen Fährtenhund:

— Generelles Suchverhalten und Suchtempo
— Ansatz (Anfang der Fährte)
— Suchen einer Geraden mit Wegüberquerungen und Geländewechsel
— Suchen eines Winkels (spitze Winkel und rechte Winkel)
— Suchen eines Bogens
— Gegenstände verweisen
— Verleitung ignorieren (dieser Punkt ist nicht für die Fährtenteilprüfungen der IGP-1 bis IGP-3 notwendig)
— Konditionsaufbau
— Problemlöseverhalten
— und das alles bei jedem Wetter

FACHBEGRIFFE

Die Prüfungsordnung hat einige Fachbegriffe, die Sie kennen sollten. Hier in Kurzform einige Begriffe mit ihrer Zuordnung zu den Abschnitten einer Fährte. Weitere Begriffserklärungen finden Sie am Ende des Buches im Glossar Seite 187.

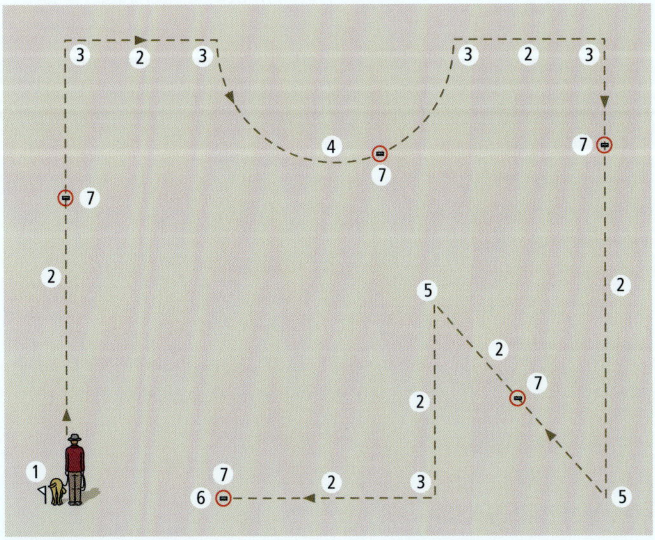

1 Ansatz: Beginn der Fährte gekennzeichnet durch Fährtenschild
2 Schenkel: Verbindung zwischen zwei Winkeln (Gerade) 90° Winkel (rechts und links)
3 Bogen: beginnt und endet
4 mit einem 90° Winkel (Halbkreis)
5 spitzer Winkel (< 90°)
6 Ende der Fährte
7 Gegenstand

Begriffserläuterungen

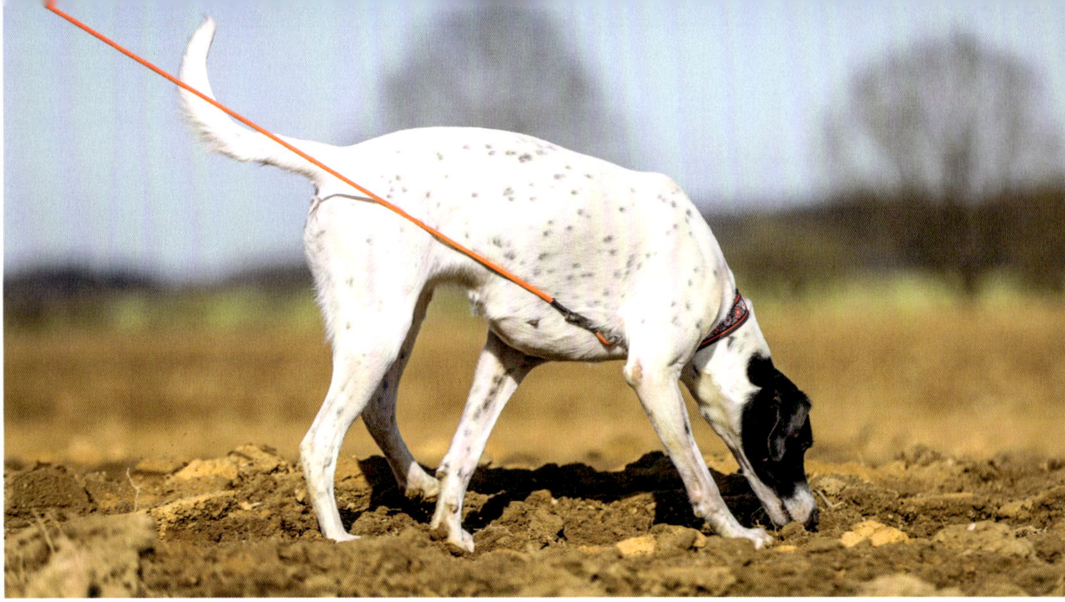

Befestigung der Leine am Halsband. Sie wird unter einem Vorderlauf und eventuell dem Hinterlauf hindurchgeführt.

AUSRÜSTUNG, FUTTER, GELÄNDE

AUSRÜSTUNG

KURZ GEFASST

Für das Fährtentraining benötigen Sie eine Leine ohne Schnallen mit Karabiner, eventuell ein Suchgeschirr, Futter und ein Gelände, auf das Sie eine Trainingsfährte legen dürfen. Bei großen Hunden wird die Leine meist am Halsband befestigt, nach unten und zwischen den Vorderbeinen nach hinten geführt. Bei kleinen Hunden empfiehlt es sich, die Leine an einem Suchgeschirr zu befestigen, das eine ungehinderte Atmung beim Hund ermöglicht, wenn er mit der Nase nahe am Boden sucht.

GRUNDAUSRÜSTUNG

Sie benötigen für das Training zunächst:

— Ein Halsband (bei einer Prüfung ein Gliederhalsband), das den Zug der Leine gleichmäßig auf den Hals verteilt.
— Eventuell ein Suchgeschirr
— Eine Leine (10 m lang, zunächst auch kürzer, ca. 6 m, ohne Schnallen), am besten aus einem Material, das kein Wasser aufnimmt (z. B. Biotane), damit die Leine bei Nässe nicht schwerer wird. Besonders bei kleinen Hunden sollte die Leine auch in trockenem Zustand möglichst leicht sein. Das Material sollte so beschaffen sein, dass man sie auch bei starkem Zug sicher in der Hand halten kann.
— Geeignetes Futter (siehe entsprechendes Kapitel Seite 57 f.)

MIT ODER OHNE LEINE

Ein Hund kann mit oder ohne Leine suchen, ebenso wie mit oder ohne Geschirr. Fast alle Hundeführer bevorzugen eine Leine bei der Fährtensuche, denn sie ermöglicht dem Menschen, Verhaltensweisen und -änderungen des Hundes leichter wahrzunehmen und dem Hund durch leichten Zug Sicherheit zu geben. Zudem kann man mithilfe der Leine auf den Hund einwirken und ggfs. bei einem unerwünschten Verhalten direkt korrigieren (Blockieren, Bremsen, ...). Eine Sucharbeit ohne Leine ist möglich, aber eher nicht zu empfehlen. Sie ist aber bei sehr sensiblen Hunden sinnvoll, die auf den Zug der Leine mit Meideverhalten reagieren. Während der Suche kann die Leine an Erdbrocken oder Pflanzen hängen bleiben. Der Hund bekommt einen Ruck. Sensible Hunde lassen sich dadurch in ihrer Suche stören. Bei einer Prüfung ist beides erlaubt, solange der Hundeführer einen Abstand von 10 m zu seinem Hund einhält. Es hängt vom Hund ab, welche Art der Leinenbefestigung sinnvoll ist. Jede hat ihre eigenen Vor- und Nachteile.

BEFESTIGUNG AM HALSBAND

Bei großen Hunden wird die Leine häufig am Halsband befestigt, verläuft unter einem Vorderbein hindurch und wird entweder zwischen den Hinterbeinen nach hinten geführt oder seitlich neben dem Hinterbein. Jede Leine übt schon durch ihr Eigengewicht einen leichten Zug am Halsband aus, der den Kopf des Hundes leicht nach unten zieht. Dieser leichte Zug unterstützt die gewünschte Kopfhaltung des Hundes, denn er soll ja mit tiefer Nase suchen. Allerdings beansprucht es auch die Halswirbelsäule, denn je stärker der Hund an der Leine zieht, desto größer wird der Zug. Bei einem breiten Halsband verteilt sich dieser Zug über eine größere Fläche. Allerdings sollte das Halsband nur so breit sein, dass die Beweglichkeit der Halswirbelsäule und die Atmung nicht eingeschränkt werden.
Verläuft die Leine seitlich neben den Hinterbeinen, wird bei starkem Zug das Vorderbein nach oben gezogen, das ist für den Hund unangenehm. Nach einiger Zeit stellt er daher das ungestüme Suchen ein und wird langsamer.
Wenn die Leine seitlich nach hinten geführt wird, kann es zu einer Ausweichbewegung des Hundes kommen, die unerwünscht ist. Er läuft dann schräg zum Fährtenverlauf. Wird die Leine zwischen den Hinterbeinen nach hinten geführt, berührt sie dabei einen sehr sensiblen Bereich an den Innenseiten der Hinterbeine. Manchmal reibt die Leine an den Geschlechtsteilen der Hunde. Auch dies kann sehr unangenehm sein. Sensible Hunde stellen daraufhin das Suchen ein, wenn sie nicht hoch motiviert sind.
Für kleine Hunde eignet sich diese Befestigung der Leine kaum. Sie steigen leicht über die Leine und diese läuft dann direkt vom Halsband zum Hundeführer und jeder Zug an der Leine zieht den Kopf des Hundes nach oben, was unerwünscht ist.

BEFESTIGUNG AM SUCHGESCHIRR

Besonders bei kleinen Hunden ist die Befestigung der Leine an einem Suchgeschirr zu empfehlen, da die Leine sich dann nicht so leicht im Gelände festhakt. Die Leine wird am Geschirr oberhalb des Rückens befestigt. Bei dieser Befestigungsart gibt es keinen Druck auf die Halswirbelsäule. Andererseits wird unterhalb des Befestigungskarabiners die Wirbelsäule belastet. Und dies auch, wenn der Karabiner nicht direkt aufliegt. Je nach Art des Geschirrs kann die Beweglichkeit der Schultern eingeschränkt werden. Ein Vorteil der Befestigung an einem Suchgeschirr ist, dass die Leine weniger an höhe-

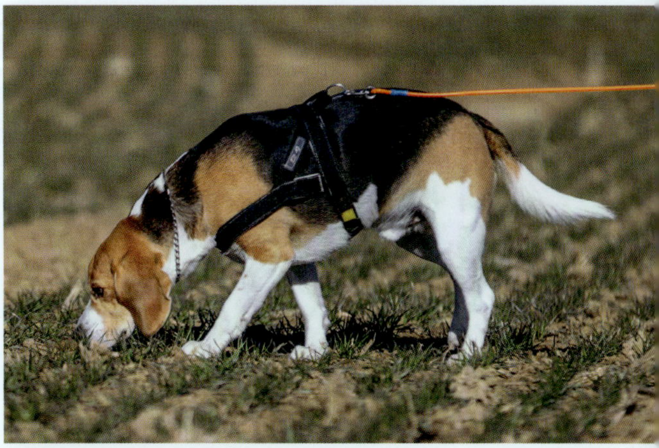

Fährtensuche mit einem Fährtengeschirr

Das Böttgergeschirr wird am Halsband befestigt.

Und jetzt nur noch die Leine unten befestigen.

ren Pflanzenteilen hängen bleibt als bei anderen Befestigungsarten. Allerdings kann man bei einem stark ziehenden Hund nicht so gut einwirken und das unerwünschte Ziehen unterbinden.

Ein Suchgeschirr sollte optimal sitzen. Wenn der Hund die Nase am Boden hat, darf weder die Atmung noch die Beweglichkeit der Schultern eingeschränkt werden, auch nicht bei Zug.

BEFESTIGUNG AM BÖTTGERSUCHGESCHIRR

Dieses Suchgeschirr wird am Halsband befestigt. Die Wirkung auf die Halswirbelsäule ist daher dieselbe wie bei der direkten Befestigung am Halsband. Es entsteht ein Zug nach unten, der wiederum auf die Halswirbelsäule wirkt. Die Leine wird zwischen den Hinterbeinen hindurchgeführt. Das Böttgersuchgeschirr muss gut angepasst werden. Der hintere Riemen sollte nicht über den letzten Rippenbogen des Hundes hinausgehen und darf keine Weichteile einschnüren. Die Leine wird unterhalb des Hundes am Geschirr befestigt. Dadurch bleibt sie leichter an höheren Pflanzenteilen hängen.

Wenn Sie ein Suchgeschirr verwenden, sollten Sie dieses ausschließlich für die Fährtenarbeit nutzen, damit der Hund Geschirr und Suche miteinander verbinden kann.

BEFESTIGUNG EINER ZWEITEN LEINE AM HALSBAND

Zu Beginn der Ausbildung verwenden manche Hundeführer zwei Leinen, die am Halsband befestigt werden. Beide werden zwischen den Vorderbeinen nach hinten geführt, wobei die eine rechts und die andere links neben dem jeweiligen Hinterbein vorbeigeführt werden. Die eine Leine ist die Führleine, die andere die Korrekturleine. Auch können die beiden Leinen ein gerades Suchen und Verweisen unterstützen. Die Handhabung der beiden Leinen ist allerdings recht schwierig und damit fehleranfällig.

WEITERE SINNVOLLE TRAININGSAUSRÜSTUNG

Eine Abgangsmarkierung (ein Stab, zur Kennzeichnung des Fährtenanfangs)

Geeignete Gegenstände Diese sollen aus unterschiedlichen Materialien bestehen. Ihre Farbe soll sich nicht wesentlich von der Farbe des Geländes abheben.

In der Realität findet man auch bei Prüfungen u. a. deutlich sichtbare Gegenstände. Die vorgeschriebenen Maße finden Sie in der Prüfungsordnung.

Gummistiefel oder geeignete stabile Stiefel (besonders für nasses Wetter oder lehmigen Untergrund)

Fährtentagebuch oder Skizzenpapier zur Trainingsplanung und Orientierung beim Absuchen der Fährte

Hilfsmittel zum Wiederfinden der Trainingsfährte (Fährtenkreide u. a.). Näheres dazu im Kapitel über die Trainingsfährte.

Und natürlich brauchen Sie einen motivierten Hund, der gerne etwas mit Ihnen unternimmt. Ohne Motivation wird das Training nicht sehr erfolgreich sein. Beobachten Sie Ihren Hund. Woran können Sie erkennen, dass Ihr Hund für das Training bereit ist? Er sollte gesund und nicht zu satt sein.

Besonders bei Hunderassen, die nicht auf die Zusammenarbeit mit dem Hundeführer gezüchtet wurden, ist es wichtig, auf die Motivation zu achten. Sie darf weder zu hoch noch zu gering sein. In beiden Fällen lernt der Hund nicht optimal. Haben Sie Zweifel an der Motivation Ihres Hundes, finden Sie Hilfreiches im Kapitel Ausbildungs-Knowhow (siehe Seite 28).

FUTTER IM TRAINING

KURZ GEFASST

Sie benötigen für das Training Futter, das der Hund leicht aufnehmen und ohne Kauen schlucken kann, das er sehr gerne frisst und das sich möglichst nicht vom Untergrund abhebt.

Wir belohnen den Hund im Training mit unterschiedlichen Dingen (positive Verstärkung, siehe Kapitel Konditionierung), wenn er das gewünschte Verhalten zeigt. Dies können Futter, Streicheleinheiten, Lob, Spiel o. Ä. sein. Gerade Futter hat in der Fährtenhundausbildung eine große Bedeutung. Dabei ist Folgendes wichtig:

Welches Futter für den Hund eine Belohnung ist, bestimmt der Hund.

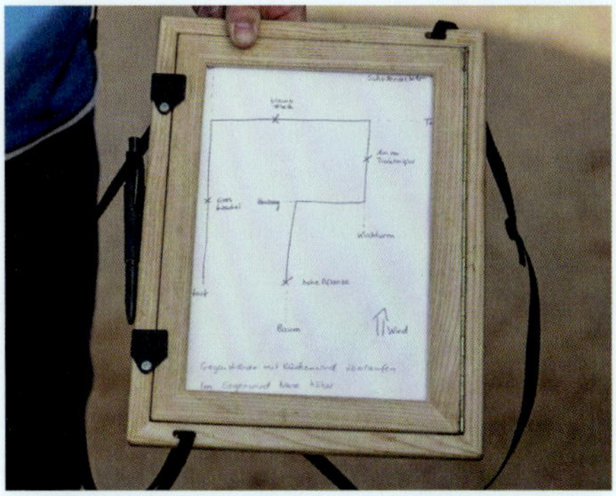

Fährtenskizze mit Geländekennzeichen

Mit dieser Ausrüstung kann es losgehen.

Besonders zu Beginn der Ausbildung und bei auftretenden Problemen sollte der Hund durch das Futter gut zu motivieren sein. Er muss das Futter richtig mögen.

LIEBLINGSFUTTER FINDEN

Zeigt Ihr Hund anfangs kein intensives Suchverhalten, sollten Sie zunächst die Wahl des Futters überdenken. Unsere Hunde haben manchmal andere Geschmacksvorlieben als angenommen. Probieren Sie unterschiedliche Futtersorten aus. Es ist erstaunlich, wie aufschlussreich das sogenannte „Futterparadies“ ist.

„Futterparadies“ Auf einem ebenen Gelände (z. B. ein asphaltierter Weg) werden kleine Futterhaufen mit unterschiedlichem Futter in einem Abstand von ca. 30 cm gelegt.

Das können Häufchen mit Trockenfutter, kleinen Fleischstücken, Maultaschen, Würstchen, u. v. m. sein. Alles wird auf die gleiche Größe zugeschnitten, sodass es der Hund schnell aufnehmen kann. Führen Sie Ihren Hund angeleint an den Futterhaufen vorüber, sodass er an ihnen riechen, sie aber nicht fressen kann. Geben Sie keinerlei Hörzeichen, also kein „Nein" oder „Pfui". Führen Sie Ihren Hund dann etwas weg und lassen Sie ihn von der Leine. Beobachten Sie genau, wie er sich verhält. Möglicherweise rennt er sofort zu einem bestimmten Haufen und frisst diesen komplett auf. Er wird andere Haufen untersuchen und Teile fressen, aber auch Teile liegen lassen. Manche Futterhaufen ignoriert er vielleicht ganz. Sie erkennen sehr schnell, welches Futter Ihr Hund besonders mag und wie sein persönliches Futter-Ranking aussieht. Sie benötigen im Training Futter mit unterschiedlichem Beliebtheitsgrad für Ihren Hund. Es ist immer wieder überraschend zu sehen, in welcher Reihenfolge und wie ein Hund das ausgelegte Futter frisst: Nimmt er von einer Sorte gleich alles auf oder wendet er sich nach ein paar Happen dem nächsten Futter zu? Viele Prognosen von Hundeführern, wie ihr Hund sich verhalten wird, liegen daneben.

Beispiel: Im Training wird ein Hund mit Käse auf der Fährte belohnt. Dann soll er lernen, sich an ausgelegten Gegenständen hinzulegen. Das tut er nur sehr langsam und nur mithilfe von Zeigegesten und Hörzeichen. Um ihm das Hinlegen attraktiver zu machen, wird er mit Leberwurst aus der Tube belohnt. Sein zögerliches Verhalten ändert sich nicht, auch nicht nach vielen Wochen. Einem plötzlichen Impuls folgend gibt der Hundeführer dem Hund die Möglichkeit, außerhalb der Fährte zwischen Käse und Leberwurst zu wählen. Das Ergebnis ist überraschend und wird in wechselnden Anordnungen von Käse und Leberwurst wiederholt. Das Ergebnis ändert sich nicht. Der Hund mag Käse deutlich lieber. Aus der Sicht des Hundes ist die Belohnung für das Suchen mit Käse wesentlich attraktiver als die Belohnung an den Gegenständen mit der Leberwurst. In der Folge wird das Futter auf der Fährte geändert und das Hinlegen mit Käse belohnt.

„Futterparadies" für Fährtenhunde

Zuerst darf der Hund an den Häufchen riechen, danach ohne Leine fressen.

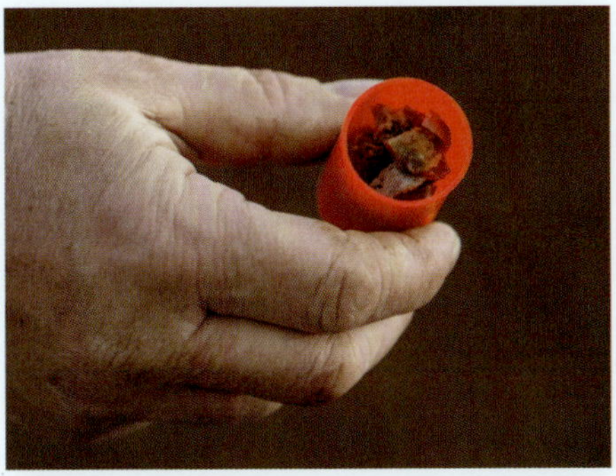

Gefülltes Futterdöschen

Futterdöschen auf der Fährte eindrücken.

Der Hund findet das Futterdöschen und buddelt es begeistert aus.

UNTERSCHIEDLICHE FUNKTIONEN VON FUTTER

Futter hat im Fährtentraining unterschiedliche Funktionen und damit unterschiedliche Auswirkungen.

1) Futter als Belohnung für ein gezeigtes Verhalten

Das Futter sollte auf der Fährte für den Hund leicht zu finden und zu fressen sein. Es lenkt dadurch den Hund wenig vom Suchen der Fährte ab. Der Hund sollte das Futter ohne zu kauen aufnehmen können, um zu vermeiden, dass er beim Kauen den Kopf hochnimmt. Das Futter liegt bevorzugt im Schuhabdruck, um das Absuchen des Abdruckes zu belohnen. Eine Abstufung in der Belohnung sollte durch die Wahl unterschiedlicher Futterarten möglich sein.

2) Futter zur direkten Steuerung des Verhaltens

Der Hund soll das Futter wahrnehmen, fressen und dadurch ein bestimmtes Verhalten zeigen. Das Futter sollte je nach gewünschtem Verhalten leicht oder auch schwerer zu finden sein. Zeigt ein Hund beispielsweise ein oberflächliches Suchen, kann Futter, das in den Schuhabdruck hineingedrückt wird (schwerer zu finden), ein intensiveres Suchen auslösen. Soll ein Hund lernen, Verleitungen zu ignorieren, kann man bei den ersten Verleitungen im Gegenwind direkt nach der Verleitung Futter legen (leicht zu finden), das den Hund dazu bewegt, weiter der Fährte zu folgen und nicht auf die Verleitung zu wechseln.

3) Futter zur Erhöhung des Erregungsniveaus des Hundes

Man kann auch Futter verwenden, um die Motivation zu fördern. Dazu muss das Futter für den Hund besonders lecker sein, sodass er seine Aufmerksamkeit auf das Finden und Fressen auf der Fährte lenkt. Man kann das Futter in einer kleinen Dose vergraben, damit der Hund es ausbuddeln darf. Das finden viele Hunde toll und sie suchen danach motivierter weiter. Allerdings nur, wenn er gerne Dinge ausgräbt. Verwenden Sie kleine Plastikdosen, in denen sich das Lieblingsfutter des Hundes befindet. Diese drückt man in den Boden, zunächst mit geöffnetem Deckel, sodass der Hund den Inhalt leicht riechen kann. Der Hund darf die Dose ausbuddeln und wird dafür gelobt. Beherrscht er dies nach einigen Wiederholungen, wird der Deckel geschlossen. Anfangs sind noch Löcher im Deckel, damit der Geruch herausströmen kann. Mit wachsender Übung des Hundes kann man auch einen geschlossenen Deckel verwenden. Bei manchen Hunden bewirken die vergrabenen Futterdosen ein intensiveres Suchen. Manche Hunde steigern auch ihr Suchtempo, da ihre Suchmotivation höher wird.
Die unterschiedlichen Funktionen von Futter sind in der Praxis meist nicht voneinander zu trennen. Legt man eine Trainingsfährte, sollte man die unterschiedlichen Funktionen berücksichtigen und das Futter überlegt auf die Trainingsfährte legen.

FÄHRTENGELÄNDE UND WETTER

KURZ GEFASST

Als Fährtengelände eignen sich Felder mit und ohne Bewuchs, Wiesen und natürliche Untergründe. Am besten ist für den Anfang ein weicher Ackerboden ohne oder mit geringem Bewuchs oder eine Wiese (ca. 10 cm hoch). Trainieren Sie zunächst in sehr ähnlichem Gelände. Erst wenn Ihr Hund ein sicheres Suchverhalten zeigt, können Sie die Trainingsfährte auf andere Untergründe legen. Angenehme Temperaturen, mittlere Luftfeuchtigkeit und wenig Wind sind für die Fährtenarbeit ideal. Meiden Sie am Anfang Trockenheit, Hitze, starken Wind oder Frost.

Als Fährtengelände schreibt die Prüfungsordnung natürliche Böden vor. Dies können Wiesen, Äcker oder auch Waldboden sein, wobei Waldboden bei Prüfungen so gut wie nicht genutzt wird. Trainieren sollte man auf allen Untergründen mit unterschiedlichstem Bewuchs.

DIE BODENBESCHAFFENHEIT

Von der Bodenbeschaffenheit hängt u. a. auch die Schwierigkeit einer Fährte ab. Jedes Gelände hat seinen eigenen Geruch und seine speziellen Eigenschaften. Um Ihren Hund nicht zu überfordern, ist es wichtig, die Eigenheiten der unterschiedlichen Flächen einschätzen zu können. Ein großer Teil des Fährtengeruchs in einem Gelände hängt von der Zersetzung von kleinsten Organismen und organischen Strukturen (z. B. Gras) ab. Dazu sind Wasser bzw. Feuchtigkeit und Sauerstoff notwendig. Dies bedeutet, dass in sehr trockenem oder sehr verdichtetem Gelände eine Fährte schwerer zu riechen ist. Extrem sandiger Boden ist häufig schwerer zu suchen (auch wenn die Fährte dort gut zu sehen ist), besonders wenn er trocken ist, weil dort wenig zersetzbares Material (Humus und Kleinstlebewesen) zu finden ist. Ein lehmiger Boden ist in feuchtem Zustand gut zu suchen, während er in trockenem Zustand hohe Anforderungen an das Suchvermögen des Hundes stellt. Und nicht jeder Boden ist für einen Hund ungefährlich. Meiden Sie Äcker und Wiesen, auf denen Insektizide, Pestizide o. Ä. ausgebracht wurde. Sie erkennen dies entweder am Geruch, an kleinen Körnern auf dem Boden oder an den frischen Traktorspuren. Alarmzeichen sind auch abgestorbene Pflanzen auf dem Feld oder am Rand des Ackers. Trainieren Sie auf solchen Böden erst wieder, wenn es ausgiebig geregnet hat.

WAHL DES TRAININGSGELÄNDES

Auch bei der Wahl des Geländes gilt der Grundsatz: Steigern Sie langsam den Schwierigkeitsgrad. Erst wenn der Hund ein leichtes Gelände sicher meistert, sollten Sie die Schwierigkeit steigern.
Die Auswirkungen des Geländes auf den Schwierigkeitsgrad einer Fährte können wir Menschen nur indirekt wahrnehmen. Der Hund riecht die Fährte, während wir sie sehen. Und darin kann ein großer Unterschied bestehen. Gut sichtbare Fährten sind manchmal schwerer zu suchen und für uns kaum wahrnehmbare können für den Hund eindeutiger im Geruchsbild und damit leichter zu suchen sein. Beobachten Sie ihn bei der Sucharbeit und lernen Sie, welches Gelände für ihn schwer oder leicht ist.
Auf Schnee kann ebenfalls gesucht werden, allerdings besteht hier die Gefahr, dass der Hund mit den Augen sucht und nicht mit der Nase. Besonders schwer ist eine Fährte, wenn zwischen Legen und Suchen starker Schneefall einsetzt.
Auch das Wetter spielt beim Training eine wichtige Rolle. Starker Wind, Trockenheit, Frost und starker Regen erschweren die

Fährtengelände: grober scholliger Acker

Acker mit bereits aufgegangener Saat

Acker mit hohem Bewuchs

Trockene Wiese mit spärlichem Bewuchs

Suche erheblich. Ideale Bedingungen zum Fährtentraining finden Sie bei feuchtem, nicht zu warmem Wetter und auf einem lockeren, nicht zu sandigen Boden.
Im Folgenden finden Sie eine Auswahl unterschiedlicher Böden, Geländeformen und Wetterereignisse. Sie sind nach ihrem ungefähren Schwierigkeitsgrad sortiert, von leicht zu schwer.

GELÄNDE

- lockerer Ackerboden (braun oder leichter Bewuchs), niedrige, dichte Wiese
- weicher Schollenacker
- harter Ackerboden
- Gelände mit hohem Bewuchs
- stark riechender Bewuchs (z. B. Raps)
- sehr kurze, vertrocknete Wiese
- sehr harter Schollenacker
- harter, stoppeliger Bewuchs

GELÄNDEFORM UND GELÄNDESTRUKTUREN

- eben
- Boden mit Traktor- oder Bearbeitungsspuren
- stark wechselnder Bewuchs (hoch, nieder, kein Bewuchs)
- am Hang (Auf- und Abwinde, Verwirbelungen)
- wechselnde Windeinwirkung (z. B. durch Böen oder Bewuchs am Rand)

WIND

- kein Wind
- leichter Wind
- böiger Wind
- starker Wind
- starker böiger Wind

Ein Hundeführer sollte im Training, also beim Legen und beim Suchen der Fährte wahrnehmen können, woher der Wind gerade kommt. Es ist ein großer Unterschied, ob ein Hund eine Fährte gegen den Wind, mit Rücken- oder Seitenwind sucht.

DIE WINDRICHTUNG

So ermitteln Sie die Windrichtung:
1) Lassen Sie einen Grashalm fallen und beobachten Sie, wohin er geweht wird.
2) Drehen Sie sich langsam im Kreis und nehmen Sie den Wind in Ihrem Gesicht wahr.

TEMPERATUR

- angenehme Temperaturen
- sehr heiß
- starker Frost
- Fährte gelegt im starken Frost und vor dem Suchen aufgetaut

FEUCHTIGKEIT

- mittlere Feuchtigkeit im Boden und in der Luft
- leichter Regen
- nass oder ziemlich trocken
- sehr nass oder sehr trocken
- Platzregen nach Legen der Fährte

Bevor Sie Ihre Trainingsfährte legen, schätzen Sie die Schwierigkeit des Geländes und des Wetters (insbesondere die Windrichtung) ein, und gestalten Sie die Trainingsfährte so, dass Ihr Hund nicht überfordert ist.

Ein geeignetes Fährtengelände zu finden, ist oft gar nicht so leicht. Es sollte ein Gelände sein, bei dem kein Schaden für den Eigentümer (meist ein Landwirt) entsteht. Für die Begehung der Flächen benötigen Sie eine Erlaubnis. Sprechen Sie mit dem Eigentümer und erklären Sie ihm, wie das Training abläuft und dass der Hund bei der Fährtenarbeit weder seine Häufchen setzt noch Wild jagen kann. Nehmen Sie die Bedenken des Landwirts ernst. Zudem ist es ratsam, den Jagdpächter zu informieren. Auch wenn dieser nicht immer seine Zustimmung geben muss, ist ein gutes Miteinander von Vorteil.

Auch eine entspannte Wartezeit will gelernt sein.

Ruhiges Gehen zum Ansatz und Geruchsaufnahme

DAS ANFANGSRITUAL

Zu Beginn des Fährtentrainings ist es sinnvoll, einen immer wiederkehrenden Ablauf einzuüben (Anfangsritual). Der Hund lernt durch die Wiederholungen, dass nach dem Ritual das Fährtentraining beginnt. Das Ritual hilft sowohl dem Hundeführer als auch dem Hund, sich innerlich auf das Training vorzubereiten und sich zu konzentrieren. Für Hundeführer, die auch Prüfungen ablegen möchten, hat sich das folgende Ritual bewährt, da es der späteren Situation zu Beginn einer Prüfung entspricht. Sie können selbstverständlich auch ein anderes Ritual für sich entwickeln.

Der Hund sollte vor dem Training Gelegenheit haben, sich ausreichend zu bewegen und sich zu entleeren. Zudem ist es sinnvoll, mit dem Hund ein paar Aufwärmübungen zu machen. Dann folgt die direkte Vorbereitungsphase für das Fährtentraining. Der Hundeführer legt seinem Hund das Suchgeschirr an, wenn er eins verwenden möchte. Er befestigt die Suchleine am Halsband oder dem Suchgeschirr und führt seinen Hund zu einem Helfer (wenn möglich) in der Nähe des Fährtenanfangs. Der Helfer steht dem Hundeführer gegenüber. Sie reden kurz miteinander. Falls der Karabiner der Leine direkt am Halsband befestigt ist, führt der Hundeführer die Leine zwischen den Vorderbeinen und eventuell den Hinterbeinen nach hinten und geht dann mit seinem Hund zum Suchfeld oder zum Beginn der Fährte (Ansatz). Der Hund sollte nicht ungestüm zum Anfang der Fährte zerren. Laute Hörzeichen oder längere Wartezeiten sind kontraproduktiv, denn sie lösen zusätzlichen Stress beim Hund aus. Der Hund soll es im Lauf der Zeit lernen, zusammen mit dem Hundeführer ruhig zum Fährtenanfang zu gehen. Manche Hundeführer legen Ihren Hund hin und wieder vor einer Trainingsfährte eine Weile ab, um die Wartezeit vor manchen Prüfungen zu simulieren und zu üben.

DAS SUCHFELD

KURZ GEFASST

Treten Sie ein Rechteck flächig aus und legen Sie überall in das Rechteck Futter. Warten Sie mindestens 20 Minuten, damit sich der Geruch entwickeln kann. Gehen Sie dann zusammen mit Ihrem Hund an der Leine in das Suchfeld. Zeigen Sie Ihrem Hund das Futter. Wenn er die Nase unten hat, loben Sie ihn immer wieder und geben wiederholt freundlich das Hörzeichen „Such". Beenden Sie die Übung für den Hund deutlich, solange sich noch Futter im Suchfeld befindet und gehen Sie mit ihm aus dem Suchfeld hinaus. Loben Sie ihn ausführlich.

Das Suchfeld wird flächig ausgetreten.

Zunächst wird das Hörzeichen „Such" konditioniert. Der Hund soll lernen, dass er bei „Such" mit der Nase am Boden Futter suchen soll und dass das Heben des Kopfes bei der Sucharbeit unerwünscht ist. Ob der Hund beim Legen des Suchfeldes zuschauen darf oder nicht, hängt von Ihrem Hund ab. Manche Hunde werden durch das Zuschauen motiviert, andere geraten in ein zu hohes Erregungslevel. Diese Hunde sind dann übermotiviert und zeigen schnell ein unerwünschtes unruhiges und unkonzentriertes Suchverhalten.

VORBEREITUNG DES SUCHFELDES

Sie können für das Suchfeld einen Acker oder eine Wiese nehmen. Im Acker sehen Sie die Begrenzung des getretenen Suchfeldes meistens deutlicher. Für das weitere Training ist der Acker zunächst geeigneter, da der Hundeführer seine Schuhabdrücke besser sieht. Haben Sie kein Feld zur Verfügung, können Sie auf einer Wiese trainieren. Das Futter sollte in der Wiese etwas größer sein, damit der Hund es leicht finden und aufnehmen kann. Des Weiteren sollte das Gelände möglichst wenig Ablenkung für den Hund aufweisen, d. h. keine bellenden Hunde in der Nähe, fahrende Autos o. Ä.
Treten Sie eine Fläche komplett aus, z. B. ein Rechteck (ca. 1,5 x 1,5 m bei großen

Hunden, ca 1,0 x 1,0 m bei kleinen Hunden) und verteilen Sie über die gesamte Fläche Futter, das leicht zu finden und schnell zu schlucken ist. In diese Fläche treten Sie mit einem großen Schritt hinein und nach dem Legen mit einem großen Schritt hinaus. Es darf keine Spur direkt in das Suchfeld hinein oder vom Suchfeld wegführen. Prägen Sie sich die Grenzen der getretenen Fläche genau ein, damit Sie Ihren Hund gegebenenfalls mit der Leine blockieren können, falls er es großräumig verlassen möchte. In diesem Stadium der Ausbildung soll der Hund das Futter leicht finden, denn schließlich soll er seine Aufmerksamkeit darauf richten, wo er das Futter finden kann, und nicht, wie er das Futter aus den Geländeritzen herausbekommt. Allerdings sollte sich das Futter nicht deutlich vom Acker abheben. Der Hund soll mit der Nase suchen, nicht mit den Augen.
Achten Sie darauf, dass kein Futter außerhalb des Suchfeldes liegt! Der Hund soll nur auf dem betretenen Gelände das Futter finden, weil er lernen soll, dass das Futter nur auf dem zertreten riechenden Boden liegt und damit direkt auf der Fährte. Warten Sie mindestens 20 Minuten, bis der Hund das Suchfeld absuchen darf, damit der Geruch sich entwickeln kann.

Der Hund sucht an lockerer Leine selbstständig im Suchfeld.

DURCHFÜHRUNG

Führen Sie den Hund an kurzer Leine in das Suchfeld. Sie treten ebenfalls in das Suchfeld und bleiben auch im Suchfeld, bis die Suche zu Ende ist. Zeigen Sie dem Hund das Futter auf dem Boden, wenn es notwendig sein sollte. Die Leine ist locker. Geben Sie das Hörzeichen „Such“, sobald er mit tiefer Nase nach Futter sucht. Loben Sie Ihren Hund immer wieder, wenn er das gewünschte Verhalten zeigt. Das „Such“ wird wiederholt, wenn der Hund intensiv sucht. Loben Sie Ihren Hund mit hoher, freundlicher Stimme. Halten Sie die Leine in der Hand, aber so, dass sie zwischen Ihnen und Ihrem Hund locker durchhängt. Der Hund kann sich also frei im Suchfeld bewegen. Achten Sie beim Loben auf das richtige Timing (loben Sie gewünschtes Verhalten innerhalb weniger Sekunden). Loben Sie nur, wenn Ihr Hund intensiv sucht. Wenn er das Suchfeld verlässt, jedoch weiterhin ein konzentriertes Suchen zeigt, greifen Sie nicht ein. Meistens findet der Hund von allein ins Suchfeld zurück, denn nur dort gibt es die Belohnung auf dem Boden. Nur wenn der Hund sich mehr als 1 m vom Suchfeld entfernt, blockieren Sie die Leine und zeigen Sie auf das Futter im Suchfeld. Ein Kopfheben wird mit einem „Nein“ getadelt. Brechen Sie die Übung für den Hund deutlich ab, solange noch Futter im Suchfeld liegt. Führen Sie Ihren Hund aus dem Suchfeld heraus und loben ihn (streicheln, freundliche Stimme, ...). Während der Sucharbeit kann immer wieder Futter nachgestreut werden. Der Hund sollte dies jedoch nicht bemerken. Mehr Futter im Suchfeld bedeutet ein längeres Suchen und eine höhere Anforderung an die Konzentrationsfähigkeit des Hundes. Die Übung kann nach ca. 20 Minuten oder mehr an einem anderen Suchfeld wiederholt werden. Für die meisten Hunde ist das

Suchen von 3 Suchfeldern pro Tag genug. Nach ca. 30 Suchfeldern – über mehrere Trainings verteilt – und einem wiederholt gezeigten konzentrierten Absuchen des Suchfeldes können Sie den nächsten Ausbildungsschritt in Angriff nehmen.

IDEALES VERHALTEN DES HUNDES

Der Hund sucht das Suchfeld mit konstant tiefer Nase ab. Er nimmt das Futter auf, ohne den Kopf zu heben. Er schluckt das Futter sofort und sucht weiterhin mit tiefer Nase nach dem nächsten Futterbrocken. Er verlässt das Suchfeld nicht mehr als eine Schrittlänge und kehrt von sich aus umgehend in das Suchfeld zurück. Er lässt sich durch nichts (Geräusch, Bewegungen von Menschen oder Tieren, Gerüchen außerhalb des Suchfeldes) von der Sucharbeit ablenken.

LERNZIELE FÜR DEN HUND

- Konditionierung des Hörzeichens „Such". Es bedeutet, Futter mit tiefer Nase zu suchen.
- Die Belohnung liegt nur auf den Teilen des Geländes, die sich durch die Bodenverletzung im Geruch von der Umgebung unterscheiden.
- Das Heben des Kopfes ist unerwünscht.
- Konditionsaufbau: Konzentriertes Arbeiten über eine immer längere Zeit
- Unempfindlich gegenüber Ablenkung
- Sicheres Suchen in unterschiedlichem Gelände
- Sicheres Suchen bei unterschiedlichen Windverhältnissen
- Erfahrung des Hundes: „Mein Mensch freut sich, wenn ich das Futter suche" u. a.

Wie bei allen anderen Übungsbeschreibungen folgt an dieser Stelle zunächst nur eine kurze, unvollständige Aufzählung möglicher unerwünschter Verhaltensweisen. Eine Beschreibung dieser und weiterer unerwünschter Verhaltensweisen, deren vermutliche Gründe sowie die eventuell notwendigen Reaktionen des Hundeführers finden Sie im Kapitel „Korrekturen von unerwünschtem Verhalten" Seite 140.

UNERWÜNSCHTES VERHALTEN

Der Hund hebt seinen Kopf, zeigt kein Interesse am Futter, verlässt das Suchfeld weiträumig mit tiefer Nase oder er sucht das Futter sehr hektisch.

LERNFELDER FÜR DEN HUNDEFÜHRER

Folgendes sollte der Hundeführer mit zunehmender Erfahrung gleichzeitig wahrnehmen und beachten:

- Geeignetes Futter für den Hund finden. Das Futter muss den Hund motivieren, es konzentriert zu suchen, es sollte leicht zu finden und schnell zu schlucken sein. Zudem sollte man berücksichtigen, dass feuchtes Futter Ameisen, Wespen u. Ä. anzieht und der Hund das Futter daher evtl. meidet.
- Auswirkung von Wind und der Art des Geländes auf das Suchverhalten beobachten. Der Hund sucht z. B. auch in Bereichen, auf denen kein Futter ist, weil der Wind den Geruch des Suchfeldes weiterträgt.
- Wahrnehmen von Dingen außerhalb des Suchfeldes (z. B. Bellen anderer Hunde, Menschen, fahrende Autos ...)
- Beobachten des Suchfeldes. Ist noch genügend Futter da?

- Beobachten des Hundes: Was sind Anzeichen für eine nachlassende Konzentration (u. a. Rutenhaltung, Abstand der Nase zum Boden, Heben des Kopfes, ...)
- Das Hundeverhalten analysieren und gegebenenfalls auf Aktionen des Hundes reagieren (z. B. Blockieren der Leine, „Nein" bei Heben des Kopfes)
- Einschätzen können, wann der Hund Unterstützung braucht (damit er nicht aus Unsicherheit den Kopf hebt) und wann er lernen kann, selbstständig ein Problem zu lösen, ohne verunsichert und demotiviert zu werden.
- Richtiges Timing von Lob und Tadel (innerhalb von 2 Sekunden)
- Wiederholtes Loben und Hörzeichen geben, wenn der Hund das gewünschte Verhalten zeigt.
- Erkennen und Bestätigen des Lernerfolgs: Der Hund kehrt beispielsweise selbstständig in das Suchfeld zurück, wenn er es verlassen hat und nimmt dort wieder Futter auf.

VON LEICHT ZU SCHWER

Das Suchfeld kann in unterschiedlichstes Gelände gelegt werden. Bei Wiese, grobem Acker oder eingesätem Acker mit aufgehender Saat sind die Geruchsunterschiede zum unberührten Gelände dadurch unterschiedlich stark ausgeprägt. Bewuchs, leichte Feuchtigkeit, nicht zu heißes Wetter usw. unterstützen die Geruchsentwicklung. Sie finden im Kapitel über das Fährtengelände eine Zusammenstellung unterschiedlicher Geländearten und deren Auswirkung auf die Schwierigkeit einer Fährte (siehe Seite 60 f.). Die Sucharbeit wird auch durch Windeinwirkung erleichtert oder erschwert. Je mehr Wind herrscht, desto mehr wird der Geruch des Futters von der eigentlichen Futterstelle weggeweht. Das Suchen wird deutlich erschwert. Da der Hund das Suchfeld konzentriert und mit durchgehend tiefer Nase absuchen soll, erhöht eine Ablenkung in der Umgebung des Suchfeldes deutlich die Schwierigkeit, das Suchfeld korrekt abzusuchen.
Zunächst sollte daher das Suchfeld ohne Ablenkung (bellende Hunde, redende Menschen, Straßenlärm, ...) abgesucht werden, damit kein „Nein" erfolgen muss, wenn der Hund den Kopf hebt. Wenn Ihr Hund wiederholt unterschiedliche Suchfelder konzentriert absucht, können Sie die folgenden Suchfelder in ein Gelände legen, in dem der Hund mehr Ablenkung erfährt.

VARIATIONEN

Variante 1: Nur der Hund befindet sich im Suchfeld und sucht nach Futter. Der Hundeführer steht außerhalb des Suchfeldes. Hier hat der Hundeführer nur die Möglichkeit, mit der Stimme auf den Hund einzuwirken.

Variante 2: Fehlverhalten wird nicht unterbunden oder korrigiert. Dies ist eventuell vorteilhaft bei extrem verunsicherten Hunden. Der Hund lernt dadurch allerdings nicht, was er tun soll.

Variante 3: Es wird keine Fläche ausgetreten, sondern ein Ring (Durchmesser ca. 10 m), der ebenfalls mit Futter ausgelegt wird. Hier bewegt sich der Hund langsam im Kreis herum. Durch eine zweite Person wird hinter dem Hund und in einem gewissen Abstand zum Hund, ohne dass er es bemerkt, wieder Futter auf die Fährte gestreut.Dadurch baut der Hund eine Suchkondition auf. Der Nachteil dabei ist, dass der Geruch der Fährte sich ständig verändert. Darauf sollte der Hund nicht konditioniert werden.

FALLBEISPIEL

Dieses Beispiel dient dazu, das bisher Geschriebene zu vertiefen. Sie können jederzeit mehr oder weniger Suchfelder treten, auch in anderen Anordnungen.
In unserem Fallbeispiel werden 3 Suchfelder getreten (siehe Grafik). Diese werden nacheinander mit zeitlichem Abstand gesucht. Der Hund soll sich dazwischen erholen. Mit welchen vorhersehbaren Schwierigkeiten ist zu rechnen? Beachten Sie dabei besonders die Windrichtung!

Vorhersehbare Irritationen:
- Der Futtergeruch von Suchfeld 1 und 2 wird vom Wind auf Suchfeld 3 getragen und lenkt den Hund dort ab. Selbst wenn diese Suchfelder zuerst abgesucht werden, verbleibt ein Restfuttergeruch im Gelände, der den Hund ablenken kann.
- Der Wind bläst den Geruch der Schuhabdrücke in die Rechtecke. Die auf die Suchfelder zuführenden Schuhabdrücke sind irritierend, da sie den gleichen Geruch wie die Suchfelder aufweisen, aber kein Futter darauf liegt. Gefahr einer Fehlkonditionierung. Der Hundeführer muss den Hund daran hindern, den Schuhabdrücken zu folgen, obwohl er im weiteren Verlauf der Ausbildung genau dies tun soll.
- Die Gerüche entlang des Weges (Kot und Markierungsstellen anderer Hunde) werden in den Bereich der Suchfelder getragen und können ablenken.

Für ein fehlerfreies Lernen sollten vorhersehbare Irritationen besonders zu Beginn der Ausbildung vermieden werden.

Konsequenzen: Legen Sie die zu suchenden Suchfelder nicht in Windrichtung hintereinander. Vermeiden Sie zum Suchfeld hin- und wegführende Schuhabdrücke. Nähern Sie sich dem Suchfeld nur von der windabgewandten Seite.

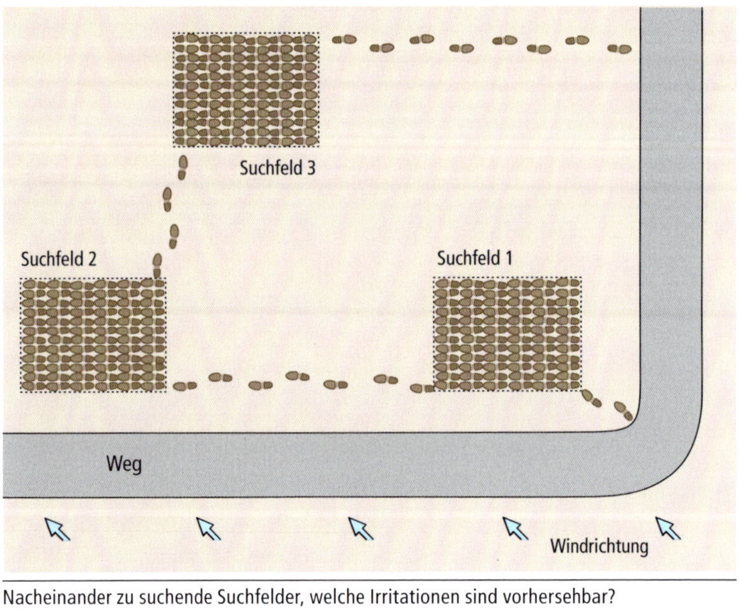

Nacheinander zu suchende Suchfelder, welche Irritationen sind vorhersehbar?

ANSATZ

Der nächste Schritt in der Ausbildung ist der eigentliche Fährtenanfang das Abgangsfeld. Wie dieses gestaltet wird, ist in der Internationalen Prüfungsordnung der FCI – Federation Cynologique Internationale (aktuelle Prüfungsordnung 2019: IGP) beschrieben. Auch für die weiteren Anforderungen an die Fährtengestaltung ist die Internationale Prüfungsordnung der FCI das Maß der Dinge. Diese Prüfungsordnung wird immer wieder verändert. Im Bereich der Fährtenarbeit allerdings meist nur unwesentlich. Diesem Buch ist die Prüfungsordnung, die ab dem 1.1.2019 gültig ist, zugrunde gelegt.
Für die Ausbildung benötigt der Hundeführer eine Vorstellung vom idealen Suchverhalten. Hier eine kurze Beschreibung: Das ideale Suchverhalten nach der IGP: „Der Hund nimmt die Fährte im Abgangsfeld ruhig auf und folgt sicher dem Fährtenverlauf. Dabei sollte die Nase anhaltend dicht am Boden sein und der Hund jeden Schuhabdruck untersuchen. Das Suchtempo ist gleichmäßig und der Hund zeigt ein intensives Suchverhalten."
Für das Training bedeutet dies: Beim optimalen Suchtempo nimmt der Hund jedes Futter unverzüglich auf und zeigt kein hektisches Verhalten. Die Nase ist unten und der Hund schnüffelt intensiv in jeden Schuhabdruck. Schnuppert der Hund häufig rechts und links der Schuhabdrücke, ist das nicht erwünscht und die Gestaltung der Trainingsfährte sollte unbedingt verändert werden. Anregungen dazu finden Sie im Kapitel Korrekturen Seite 133 ff..

Und nun zur praktischen Vorbereitung des Fährtenanfangs. Das Suchfeld wird zum Abgangsfeld.

VORBEREITUNG

Der Hundeführer tritt das Abgangsfeld (Ansatz). Zunächst hat es eine dreieckige Form, mit der Spitze in Richtung der anschließenden Fährte. Der Abgangsstab befindet sich links neben dem Beginn der anschließenden Fährte. Das komplette Abgangsfeld wird ausgetreten und mit Futter ausgelegt. Bitte beachten Sie die Windrichtung.

Die wegführende Fährte sollte bei unerfahrenen Hunden zunächst nur mit Rückenwind gelegt werden.

Ansatz mit anschließender Fährte

Der Hundeführer und sein Hund gehen nebeneinander zum Ansatz.

Der Hund nimmt am Ansatz den Fährtengeruch auf, er sucht selbstständig weiter.

Bei weiteren Fährten wird das Abgangsfeld zunehmend verkleinert. Zuletzt bleibt der Hundeführer rechts vom Abgangsstab nur noch eine Zeit lang stehen, legt Futter in die Schuhabdrücke und beginnt mit dem Legen der Fährte.

DURCHFÜHRUNG

Nach dem Anfangsritual wird der Hund zur Sucharbeit vorbereitet. Die Fährtenleine wird am Suchgeschirr eingehakt (kann auch während des Rituals geschehen) oder unter einem Vorderbein und gegebenenfalls zwischen den Hinterbeinen durchgeführt. Der Hundeführer führt den Hund an den Ansatz. Er geht neben seinem Hund und führt ihn leicht schräg zum Ansatz. Denn der Hund soll sich nicht daran gewöhnen, dass es am Ansatz immer geradeaus losgeht. Der Hundeführer bleibt neben dem Hund stehen und gibt das Hörzeichen „Such". Der Hund soll daraufhin das Abgangsfeld mit tiefer Nase absuchen und das Futter aufnehmen. Falls er das Hörzeichen „Such" noch nicht sicher beherrscht, wird das Hörzeichen mit einer Zeigegeste verbunden. Wenn der Hund beginnt, die Fährte abzusuchen, bleibt der Hundeführer zunächst stehen und folgt ihm dann in ca. 2 – 3 m Abstand. Die Leine lässt er dabei locker durch die Hand gleiten. Der Abstand zum Hund wird so gewählt, dass der Hund sich vom Hundeführer nicht bedrängt fühlt. Doch zu groß sollte der Abstand auch nicht gewählt werden, denn der Hundeführer sollte den Bewegungsspielraum des Hundes bei Bedarf durch Blockieren der Leine wirkungsvoll einschränken können. Der Hundeführer lobt seinen Hund immer wieder, wenn er das gewünschte Verhalten zeigt.

IDEALES VERHALTEN DES HUNDES

Der Hund sucht das Abgangsfeld ruhig, sorgfältig und mit konstant tiefer Nase ab. Er nimmt das ausgelegte Futter auf, findet den Beginn der Fährte und folgt dem Verlauf ruhig, in einem gleichmäßigen Tempo und mit tiefer Nase.

UNERWÜNSCHTES VERHALTEN

Der Hund stürmt nach dem Suchbefehl geradeaus los, ohne das Abgangsfeld sorgfältig abzusuchen, er hebt den Kopf, bleibt stehen, nimmt nicht alles Futter auf, schnuppert am Abgangsstab (nicht unbedingt Fehlverhalten) oder zeigt keinerlei Suchverhalten.

VON LEICHT ZU SCHWER

Ein intensiv getretener Ansatz ist am leichtesten zu riechen. Dieser wird mit steigender Sucherfahrung immer kleiner und weniger intensiv ausgetreten. Zuletzt ist es ein Doppelschritt (nebeneinander) ohne ein besonders ausgeprägtes Auftreten. Empfehlenswert ist es, auch bei erfahrenen Hunden, immer wieder Futter in den Ansatz zu legen (eventuell auch in den Boden zu treten), um die Intensität der Fährtenaufnahme zu verstärken (siehe auch Korrektur von unerwünschtem Verhalten Seite 146).
Ein Ansatz und die folgende Fährte sind einfacher zu suchen, wenn der Ansatz in einem gleichmäßig strukturierten Gelände (ebener Acker) liegt. Ist das Gelände um den Ansatz herum sehr uneinheitlich (z. B. durch Traktorspuren), erhöht sich die Schwierigkeit für den Hund, den Beginn der abgehenden Fährte korrekt zu suchen. Weitere erschwerende Faktoren sind u. a. Ablenkungen in der Umgebung des Ansatzes, starker Wind, Wildspuren und ein schwieriges Gelände.

Wenn Sie den Schwierigkeitsgrad des Ansatzes erhöhen wollen, steigern Sie nicht alle Faktoren gleichzeitig.

Ihr Hund hat beispielsweise wiederholt leicht zu suchende Ansätze korrekt gesucht. Sie wollen die Schwierigkeit steigern. Legen Sie den nächsten Ansatz in ein schwerer zu suchendes Gelände, aber zunächst nicht inmitten von Traktorspuren, bei starkem Wind und größerer Ablenkung.

WISSENSWERTES

Ein Ansatz kann nah oder in einem größeren Abstand zu einem Weg oder Geländewechsel liegen. Trainieren Sie alle Möglichkeiten.

Fallbeispiel: Wo sind hier die Schwierigkeiten für den Hund?

FALLBEISPIEL

Wie schätzen Sie die Schwierigkeit des Ansatzes ein? Worin bestehen die Schwierigkeiten für den Hund? Wie können Sie ihn beim Aufnehmen der Fährte unterstützen?

MÖGLICHE LÖSUNG

Was auf dem Foto zu sehen ist: Das Gelände ist trocken, die Schuhabdrücke sind kaum zu sehen, der Boden ist hart und der Bewuchs sehr spärlich. direkt neben und am Ansatz sind Traktorspuren (u. a. bei 2). Jeder dieser Faktoren erhöht die Schwierigkeit, den Ansatz und die Richtung der abgehenden Fährte zu finden. Für weitere Überlegungen müssen wir die Windrichtung kennen.
Angenommen, der Wind bläst von 1 zum Fährtenschild hin. Damit ist der Geruch der weiteren Fährte schon am Ansatz für den Hund zu riechen. Der Ansatz wird dadurch eventuell nicht intensiv untersucht.
Weht der Wind von 3 in Richtung des Fährtenschilds, erhöht sich die Schwierigkeit, da der Fährtengeruch vom Hund weggeweht wird. Bläst der Wind aus einer der verbleibenden Richtungen, nimmt der Hund das uneinheitliche Gelände noch stärker wahr und wird eventuell verunsichert.
Sie können es Ihrem Hund erleichtern, wenn Sie Futter in den Ansatz und die ersten Schritte legen. Führen Sie ihn aus Richtung 3 kommend an den Ansatz heran.

SCHENKEL (GERADE)

VORBEREITUNG

Die ersten Fährten werden mit Rückenwind gelegt. Andernfalls provoziert man ein Fehlverhalten des Hundes, der bei Gegenwind den Geruch mehrerer Futterbrocken gleichzeitig in die Nase bekommen würde. Häufig sucht er dann nicht mehr konzentriert, sondern stürmt los. Legen Sie zunächst eine Fährte mit ca. 50 – 100 Schritten, wobei ein Schritt direkt hinter den anderen gesetzt wird. Legen Sie in jeden Schuhabdruck Futter. Näheres zum gezielten Platzieren von Futter auf einer Geraden finden Sie am Ende dieses Kapitels. An das Ende der Spur wird eine größere Futtermenge gelegt (Jackpot). Es ist sinnvoll, den Jackpot in einer verschließbaren Dose zu deponieren. Dort ist das Futter vor Ameisen, Käfern und Vögeln sicher. Verstecken Sie den Jackpot, wenn möglich. Die Richtung der Fährte ist zunächst geradeaus, wobei lang gezogene kleinere Kurven von Anfang an eingebaut werden können. Warten Sie mindestens 20 Minuten und lassen Sie dann Ihren Hund die Fährte suchen.
Für einen gerade gelegten Teilabschnitt einer Fährte wird in der Prüfungsordnung der Begriff „Schenkel“ verwendet. Er ist eine Übersetzung des englischen Begriffs „leg“, was so viel wie „Teilabschnitt“ bedeutet. Im Weiteren verwenden wir anstelle des Begriffs „Schenkel“ den Begriff „Gerade“, der deutlicher beschreibt, worum es sich bei diesem Teilabschnitt handelt, nämlich um eine Spur, die vorwiegend eine Richtung aufweist.

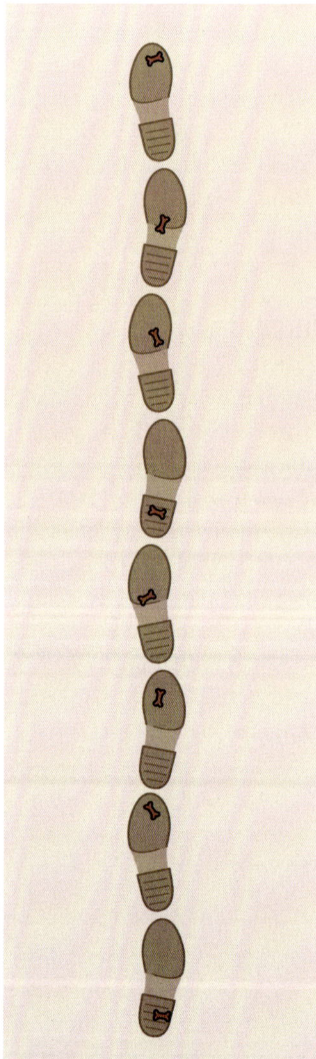

Einzelne Schritte mit Futter

VORBEREITUNG WEITERER GERADER TEILABSCHNITTE (GERADEN)

Es ist unser Trainingskonzept, dem Hund ein fehlerfreies Lernen zu ermöglichen. Ein Fährtenhund sollte gleich zu Beginn des Trainings Erfolgserlebnisse haben. Dazu beginnen Sie mit einfach zu suchenden Geraden, und wenn der Hund diese sicher absuchen kann, steigern Sie die Schwierigkeiten langsam. Der Hund sollte jede Trainingsfährte in weiten Teilen ohne größere Probleme bewältigen können. Lieber eine sehr leichte Fährte als eine wiederholt zu schwere Fährte.
Wesentliche Faktoren für die Schwierigkeit einer Geraden sind die Art und Intensität des Gehens, die Windrichtung und die Lage des Futters. Wenn Sie die Schwierigkeit erhöhen wollen, ändern Sie nicht alle Faktoren auf einmal. Am Ende der letzten Geraden liegt der Jackpot.

LIEGEZEIT DER FÄHRTE

Nachdem die Fährte gelegt wurde, muss sich der Fährtengeruch entwickeln. Warten Sie daher mindestens 20 Minuten. Erst danach sollte Ihr Hund die Trainingsfährte suchen. Variieren Sie die Liegezeit der Fährte. Trainieren Sie auch Liegezeiten von 3 Stunden und mehr. Die IGP legt Liegezeiten zwischen 20 und 180 Minuten in Abhängigkeit von der Prüfungsstufe fest.

KURZ GEFASST

Es wird ein kleines Abgangsfeld gelegt. Das Fährtenschild befindet sich links neben den ersten Schuhabdruck. Vom Abgangsfeld weg legt man eine Trittspur. Am leichtesten ist sie, wenn jeder Tritt vor den anderen gesetzt wird, ohne einen Abstand zwischen den Tritten.
In jeden Tritt wird Futter gelegt, mal vorne in den Schuhabdruck, mal hinten, unregelmäßig verteilt.

Zunächst liegen die Schritte hintereinander

DURCHFÜHRUNG

Im Training folgt der Hundeführer dem Hund auf der Geraden in ca. 2 m Abstand. Die Leine ist leicht gespannt, sodass der Hundeführer Kontakt zum Hund hält. Wenn der Hund das gewünschte Verhalten zeigt, wird er immer wieder dafür gelobt. Beachten Sie auch hier das Timing.
Der Hundeführer beobachtet das Verhalten seines Hundes auf der Geraden. Zudem sollte er auch die Umgebungssituation (Windrichtung, Ablenkungen, ...) wahrnehmen. Mögliche Fehler, die der Hund machen kann, sollten dem Hundeführer schon vor dem Training bewusst sein, um sie gegebenenfalls gleich korrigieren zu können. Bei schwierigen Fährtenabschnitten platziert man beim Fährtenlegen mehr Futter, um die Suche dem Hund zu erleichtern. Das gibt dem Hund auch bei auftretenden Problemen Sicherheit, ebenso wie das Lob des Hundeführers, wenn der Hund sich wie gewünscht verhält.

Ziel ist eine intensive sichere Sucharbeit, sowohl bei einer einfachen als auch bei einer schwierigen Fährte.

Wenn sich der Hund auf der letzten Geraden befindet und den Jackpot erreicht, bricht der Hundeführer, für den Hund deutlich, die Suche ab. Befindet sich der Jackpot in einer Dose, bekommt der Hund das Futter durch den Hundeführer. Er lobt ihn mit der Stimme, streichelt ihn oder spielt mit ihm o. Ä. Das positive Ende jeder Sucharbeit ist wichtig, da es den Hund für weitere Fährten motiviert.

IDEALES VERHALTEN DES HUNDES

„Der Hund muss mit tiefer Nase die Fährte aufnehmen und dem Verlauf motiviert, mit tiefer Nase, hoher Suchintensität, anhaltend und gleichmäßig folgen. Die Suchgeschwindigkeit ist kein Kriterium, wenn der Hund intensiv und überzeugend arbeitet." So weit der Auszug aus der IGP. Das Ziel ist vorgegeben. Der Weg dahin sollte gut durchdacht sein, damit der Hund nicht schnell überfordert und demotiviert wird.

UNERWÜNSCHTES VERHALTEN

Der Hund folgt nicht dem Verlauf der Fährte, er frisst mehr, als er sucht, er nimmt nicht das gesamte Futter auf, er sucht die Fährte sehr schnell ab, er hebt den Kopf während der Sucharbeit, er sucht häufig mit der Nase außerhalb der Tritte, er stöbert mehr, als zielgerichtet zu suchen, er sucht mit höherer Nase, er verändert immer wieder das Suchtempo, er verlässt die Fährte und bewegt sich kreisförmig („kreist") u. v. m.

LERNFELDER FÜR DEN HUNDEFÜHRER

Er sollte lernen,

— seinen Hund genau zu beobachten: Wie ist die Haltung der Rute, sind Atemgeräusche zu hören, wie ist die Haltung des Kopfes, des Rumpfes und des Fangs? Zusammengefasst: Wie ist die Körpersprache des Hundes und wie ist

Konzentriertes Suchen auf einer Geraden, der Hundeführer folgt im Trainingsabstand (2 – 3 m).

sie zu deuten? Was sind Zeichen von Erschöpfung, Unsicherheit, Ablenkung, Stress, Schmerzen, ...)?
— sich den genauen Verlauf der Fährte einzuprägen. Er muss wissen, ob sein Hund auf der Fährte ist oder nicht. Nur dann kann er Fehlkonditionierungen und Fehlverhalten rechtzeitig erkennen und eventuell korrigierend eingreifen oder nachfolgende Trainingsfährten gezielt verändern.
— die Windrichtung wahrzunehmen, damit er sie in seine Überlegungen einfließen lassen kann.
— umgebende Geräusche und Bewegungen wahrzunehmen.
— rechtzeitig im Training einzugreifen (z. B. wenn der Hund die Fährte verlässt und den Kopf hebt: „Nein", Hund mit der Leine blockieren, „Such" und eventuell mit Zeigegeste helfen).
— immer wieder den Hund rechtzeitig an geeigneter Stelle zu loben, und ihn bei Schwierigkeiten durch Zeigen oder Ermunterungen zu unterstützen.
— die Gründe für gezeigtes Fehlverhalten richtig zu analysieren und geeignete Korrekturen vorzunehmen.

Ein Hundeführer benötigt seine gesamte Aufmerksamkeit für das Fährtentraining. Die Vielzahl an Aufgaben kann ihn anfangs überfordern. Nehmen Sie rechtzeitig die Hilfe erfahrener Hundeführer in Anspruch und lernen Sie aus deren Erfahrung. Fragen Sie nach dem Training, warum sie je nach Situation entsprechend eingegriffen haben.

VON LEICHT ZU SCHWER

Die Schwierigkeit einer Gerade hängt von vielen Faktoren ab. Bitte steigern Sie die Schwierigkeit einer Geraden erst, wenn der Hund die gelegten einfacheren Trainingsfährten sicher absucht. Bauen Sie nur nach und nach weitere Schwierigkeiten ein und erhöhen Sie nicht alle Faktoren auf einmal. Es ist sinnvoll, den Anfang einer Fährte in dem gewohnten Schwierigkeitsgrad zu legen, den mittleren Abschnitt schwieriger zu gestalten und das Ende wieder leichter. Der Hund findet so zunächst in ein sicheres Suchverhalten, wird in der Mitte mit neuen Herausforderungen konfrontiert und kann anschließend die Fährte souverän beenden.

Die Schwierigkeit einer Geraden wird bestimmt von:
— dem Grad der Bodenverletzung: Tritt der Fährtenleger z. B. stark auf oder schleift er dabei kurz in den Schritt hinein oder geht er mit normalen Schritten, ohne zu stampfen, ...
— der Schrittlänge
— der Schrittbreite
— der Lage der Gerade im Gelände, z. B. schräg, parallel oder senkrecht zu Saatrillen oder Traktorspuren
— den Bodenverhältnissen (trockener, lehmiger, sandiger, zerfahrener Boden mit und ohne Bewuchs ...)
— den Windverhältnissen (Windrichtung und Windstärke)
— dem zeitlichen Abstand zwischen Legen und Absuchen der Fährte und dem dabei herrschenden Wetter (Trockenheit, Starkregen, Auftauen des Bodens)
— der Länge der Geraden, lange Geraden stellen eine höhere Anforderung an die Kondition und Konzentrationsfähigkeit, während kurze Geraden dem Hund nur wenig Zeit lassen, sich auf die Bedingungen der Geraden einzustellen, bevor wieder eine Richtungsänderung erfolgt.
— ablenkenden Faktoren wie z. B. Wildspuren, Hasenköttel, bellende Hunde, Kühe, ...

Schwierigkeiten durch den Grad der Bodenverletzung

Je höher der Grad der Bodenverletzung ist, umso stärker setzt der Zersetzungsprozess ein und umso mehr Geruchspartikel entstehen. Dadurch ist die Fährte für den Hund eindeutiger zu finden. In sehr hartem Ackerboden erreichen Sie eine größere Bodenverletzung, wenn Sie den Schuh leicht schleifend und mit Druck aufsetzen. Wenn möglich, sollten Sie auch beim verstärkten Auftreten keine Erdkrumen zur Seite oder nach vorne schleudern. Auch bei einer Wiese erzielen Sie die größte Bodenverletzung, wenn Sie nicht nur aufstampfen, sondern schleifend stark auftreten.

Unterschiedliche Gestaltung der Schritte

Der Schwierigkeitsgrad beim Suchen der Fährte steigt, je größer die Schrittlänge und die Schrittbreite ist. Zeigen die einzelnen Schritte stark nach außen, wird die Fährtensuche zusätzlich erschwert. Die Schwierigkeit der Fährte nimmt von A bis E langsam zu.

Beginnen Sie zunächst mit der Gestaltung der Tritte nach A. Dann können Sie entweder die Schrittbreite B ODER die Schrittlänge C langsam vergrößern. Steigern Sie die Schwierigkeit erst, wenn Ihr Hund einige Trainingsfährten bei unterschiedlichen Windrichtungen sicher und ruhig sucht und dabei das ganze Futter aufnimmt. Er sollte zuverlässig ein ideales Suchverhalten zeigen. Die Schrittfolgen F und G zeigen eine alternative Gestaltung der Schrittfolge. Sie eignet sich für große Hunde. Zur Unterstützung des Hundes sollte sowohl am Anfang als auch am Ende jeden Abdrucks Futter liegen, damit der Hund die Pendelbewegung rechts-links von Anfang an korrekt lernt.

Schwierigkeiten durch die Lage der Geraden im Gelände,

schräg, parallel oder senkrecht zu Beabeitungsspuren durch Maschinen im Gelände. Ein Gelände weist häufig sichtbare Strukturen auf, die der Hund auch geruchlich wahrnehmen kann. Dies können Traktorspuren, Saatrillen, Pflugspuren, o. Ä. sein. Für die

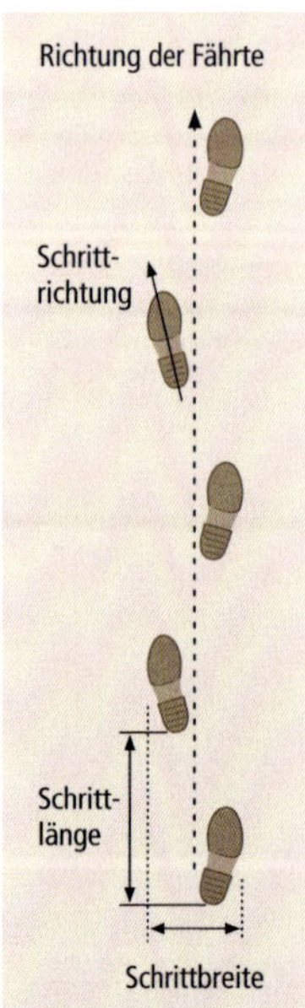

Begriffserklärungen

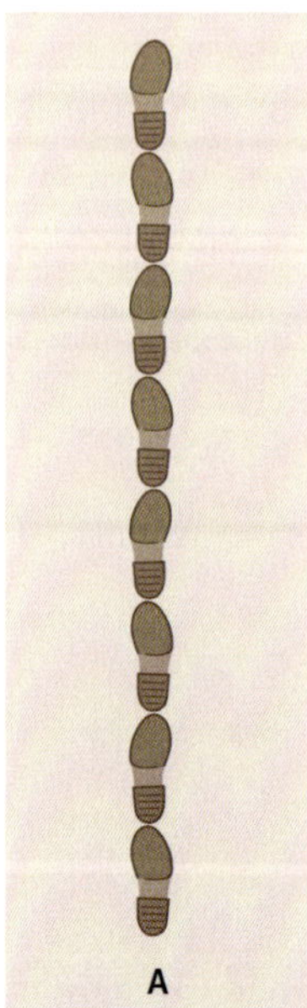

Schrittfolge A

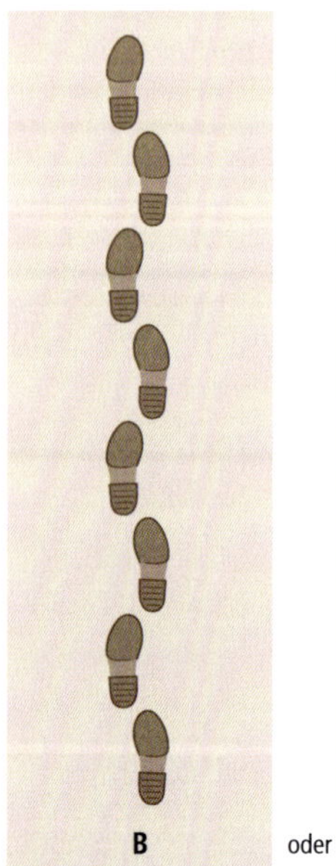

Schrittfolge B

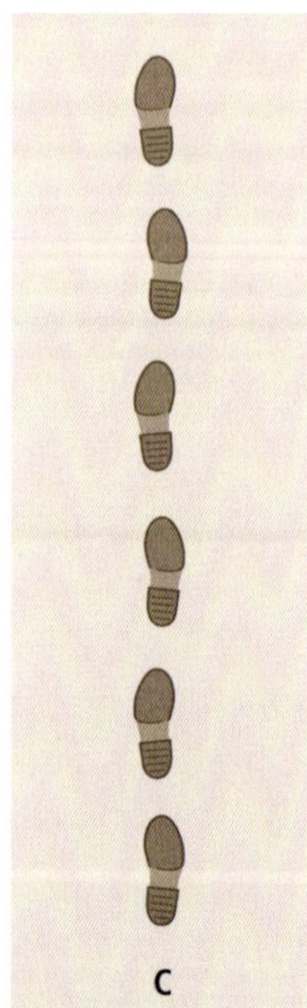

Schrittfolge C

meisten Hunde ist die Fährte schwerer zu finden, wenn die Richtung der Geraden leicht schräg zu diesen Strukturen verläuft. Es ist leichter, eine Gerade zu suchen, die parallel oder senkrecht zu den Geländestrukturen verläuft.

Schwierigkeiten durch unterschiedliche Bodenverhältnisse und Wetterereignisse
(z. B. trockener Boden, feuchter Boden, lehmig, sandig, von Bearbeitungsmaschinen zerfahren, hohes oder niedriges Gras, Regen, Frost, ...)
Die Geruchsentwicklung einer Fährte wird durch eine nicht zu starke Bodenfeuchtigkeit, eine angenehme Wärme und einen nicht zu hohen Sandanteil gefördert, und ist damit für den Hund leichter zu riechen. Sand kann sich nicht zersetzen und wird daher beim Betreten keine Geruchsveränderung entwickeln. Schwierig ist auch ein sehr trockener und sehr lehmiger Boden. Hier kann der Fährtenleger auch durch starkes Auftreten kaum eine Bodenverletzung und damit eine Geruchsveränderung bewirken. Frost hemmt ebenfalls die Geruchsentwicklung, besonders wenn sich auf dem Gelände kaum Bewuchs befindet. Pflanzen erleichtern meist die Sucharbeit. Die zertretenen Pflanzen zersetzen sich schnell bei einer entsprechenden Feuchtigkeit und Wärme und entwickeln einen deutlichen Geruchsunterschied zu den nicht zertretenen Pflanzen des umgebenden Geländes.
Starker Regen während der Liegezeit verhindert den Übergang der Geruchsteilchen in die Luft oder wäscht diese in den Boden. Der Hund kann sie nicht mehr oder kaum riechen. Hohes Gras verursacht bei vielen Hunden ein Suchen mit hoher Nase. Schwierig kann es sein, wenn eine Gerade über einen Geländewechsel führt, z. B. von einem Acker auf eine Wiese. Solch ein Wechsel kann einem Hund Schwierigkeiten bereiten. Trainieren Sie auch hier unterschiedliche Übergänge, senkrecht und schräg. Weitere Anleitungen zum Training von Wegüberquerungen finden Sie im entsprechenden Kapitel.

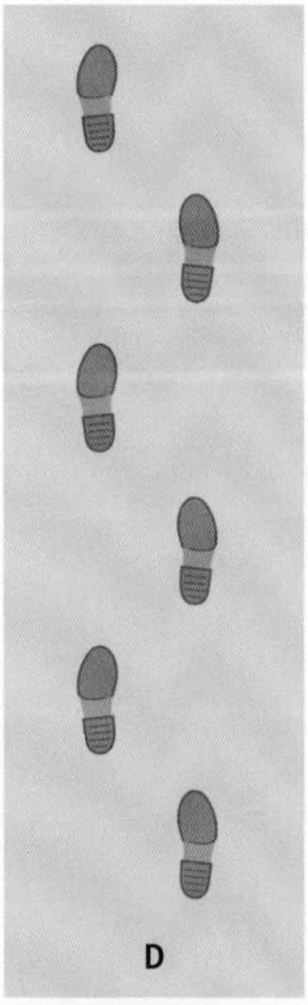

Schrittfolge D

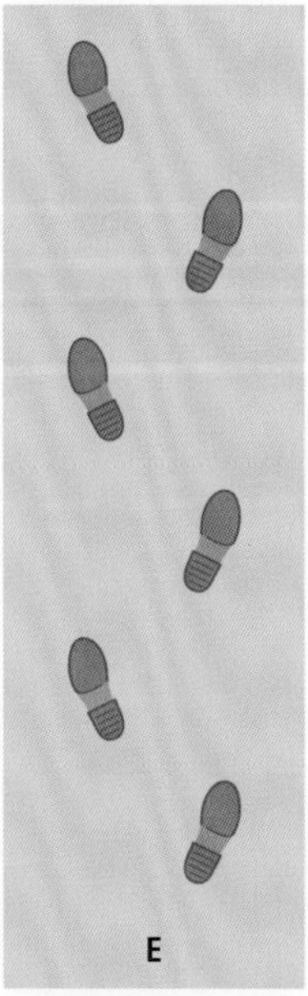

Schrittfolge E

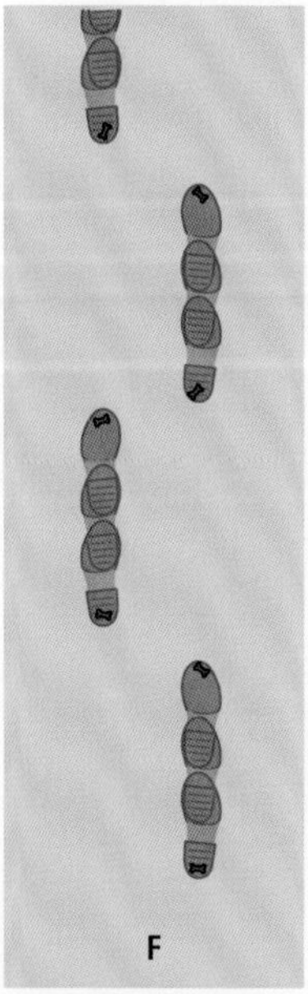

Schrittfolge F

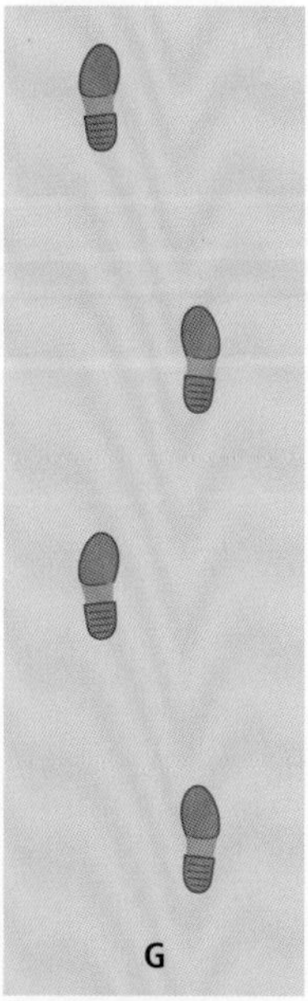

Schrittfolge G

Schwierigkeiten durch Wind
Durch Wind während der Sucharbeit werden die Geruchsmoleküle vom eigentlichen Tritt weggetragen. Je stärker der Wind ist, desto stärker entfernt sich ein Teil des Geruches der Tritte von den eigentlichen Tritten. Legen Sie zunächst Futter in die meisten Tritte. Diese bekommt der Hund dann nur, wenn er direkt den Tritt absucht und nicht dem verwehten Geruch folgt (siehe Grafik S. 80).
Da der Wind direkt über das Gelände streift, entstehen bei jeder größeren Geländestruktur (Maisstängel, Erdklumpen, Bewuchs, ...) Verwirbelungen des Windes, die einem unerfahrenen Hund Schwierigkeiten beim Suchen bereiten können. Genauso können Geländeformationen wie Hänge, Drainagegräben, Sträucher oder Baumgruppen die Windrichtung stark beeinflussen. Verläuft eine Fährte beispielsweise im Windschatten eines Waldes und führt die Fährte anschließend aus dem Windschatten heraus, sind viele Hunde zunächst von der plötzlichen Windeinwirkung überrascht, fangen an zu kreiseln und folgen der eigentlichen Fährte nicht mehr sicher.
Bei Gegenwind nehmen viele Hunde die Nase leicht hoch, was unerwünscht ist.

Schwierigkeiten durch längere Liegezeiten
Der Zersetzungsprozess ist zeitabhängig. Zunächst entwickelt er sich, d. h. er nimmt zu. Im Lauf der Zeit nimmt er jedoch wieder ab. Kommen während der Liegezeit der Fährte noch Witterungseinflüsse wie z. B. Hitze oder Starkregen hinzu, kann ein Hund die Fährte kaum noch finden.

Schwierigkeiten durch ablenkende Faktoren
wie z. B. Wildspuren, Hasenköttel, bellende Hunde, Kühe, ...
Während der Sucharbeit darf sich der Hund durch nichts ablenken lassen. Welche Ablenkung besonders stark auf den Hund wirkt, ist vom Charakter des Hundes abhängig. Für manche Hunde sind bellende Artgenossen sehr ablenkend, für einen Jagdhund auffliegende Vögel oder Wildspuren. Sie sollten alle Möglichkeiten trainieren. Auch Ablenkungen auf der Fährte wie sprechende Menschen vor oder hinter dem Hund, Menschen im Gesichtsfeld des suchenden Hundes (z. B. nach einem Winkel) o. Ä. können Hunde von der Sucharbeit ablenken.

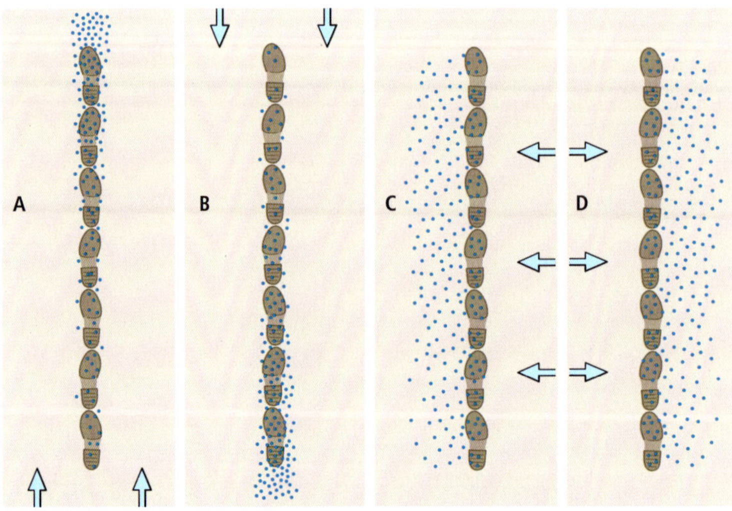

Verlagerung der Geruchspartikel der Fährte durch den Einfluss von Wind

WISSENSWERTES

Um Fehlkonditionierungen vorzubeugen (Hund sucht z. B. nicht direkt den Verlauf der Fährte, sondern orientiert sich an Ackerrillen, weil die Fährte fast immer an einer Ackerrille entlang gelegt wurde), sollten Sie die Länge und Richtung der Geraden variieren: sehr kurz (ca. 50 Schritte), mittellang, lang (600 Schritte und mehr), unterschiedliche Richtungen in Beziehung zu Ackerrillen oder Geländestrukturen, unterschiedlicher Abstand zu Wegen, ... Laut der Prüfungsordnung ist „... eine Fährte in einer natürlichen Gangart mit normalen Schritten zu legen ... Eine [...] unnatürliche Gangart, Scharren oder Unterbrechen der Gangart ist im gesamten Bereich der Fährte nicht zugelassen." Dies ist die Schrittgestaltung als Ziel der Ausbildung, nicht der Beginn!

GEZIELTES PLATZIEREN DES FUTTERS

Wie bereits erwähnt, legt der Hundeführer zur Unterstützung des optimalen Suchverhaltens zu Beginn der Ausbildung in jeden Schritt Futter. Es motiviert den Hund einerseits, jeden Schritt abzusuchen und gibt ihm zugleich eine positive Verstärkung seines Verhaltens.
Vergewissern Sie sich, dass das Futter eine hohe Motivation bei Ihrem Hund bewirkt. Denn auch wenn der Hund das Futter auf der Fährte frisst, führt es nicht immer zu einer Steigerung der Motivation, die eventuell erforderlich ist.

Beispiel: Ein weißer Schäferhund stürmt bei seinen ersten Fährten ungestüm los, zieht stark an der Leine und nimmt jedes zweite oder dritte Futterstück auf. Der Hundeführer bremst ihn durch die Leine. Das Verhalten des Hundes ändert sich umgehend, als die Art der Futterstücke und deren Größe geändert wird.

Sucht der Hund intensiv und ruhig die Fährte, kann auch weniger Futter in die Tritte gelegt werden.
Besonders bei einem großen, vorwärtsstürmenden Hund, den der Hundeführer nur durch Halten der Leine zum Aufnehmen des gesamten Futters animieren kann, kann nach relativ kurzer Zeit auch ein größerer Abstand der Futterstücke sinnvoll sein. Aber nur, wenn der Hund nach wie vor jeden Abdruck untersucht. Zuvor sollte der Hundeführer die Größe des Futters, die Art des Futters usw. ändern, sodass der Hund jeden einzelnen Futterbrocken finden möchte und diesen leichter und motivierter aufnehmen kann.
Achten Sie darauf, dass das Futter unregelmäßig auf der Fährte verteilt ist, wenn Sie weniger Futter auslegen. Mal rechts, mal links, dann wieder links, mal nach einem Abdruck, mal nach 5 Abdrücken, dann nach 3 Abdrücken, mal an der Ferse mal in die Spitze, ...
Beobachten Sie, ob das Futter zu einem ruhigen intensiven Suchen führt oder dieses Verhalten eher behindert. Die Platzierung des Futters ist dem gezeigten Verhalten immer anzupassen.

SUCHVERHALTEN STEUERN

Durch Futter kann man das Suchverhalten steuern, z. B. bei Seitenwind. Es führt den Hund immer wieder auf die Fährte zurück, sodass er mit der Zeit lernt, die Fährte nicht mehr seitlich zu verlassen. Bei starkem Seitenwind sollte in der Lernphase zunächst relativ viel Futter auf der Fährte liegen.

Bauen Sie das Futter nicht zu schnell und vor allem nicht ganz ab. Es motiviert den Hund einerseits, konzentriert zu suchen und gibt ihm andererseits zusätzliche Sicherheit. Auch ein ausgebildeter Fährtenhund wird durch Futter nach wie vor motiviert.

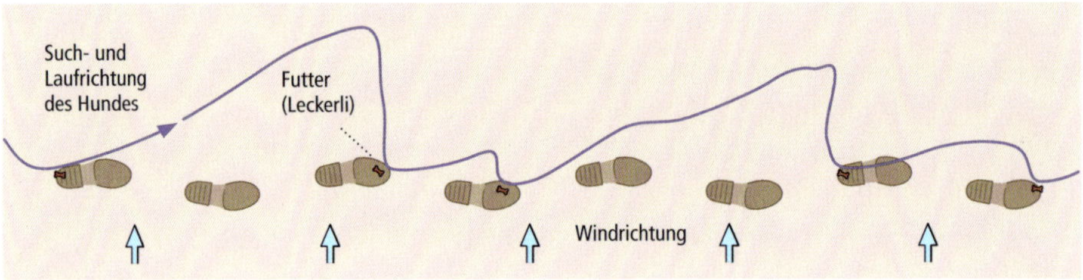

Tritte mit Seitenwind

Verteilen Sie bei einem erfahrenen, intensiv suchenden Hund das Futter unregelmäßig über der Fährte. Das VIELLEICHT der Belohnung erhöht seine Motivation. Ein Hund, der nur sucht, weil er soll oder muss, sucht oft nicht intensiv und ausdauernd.

„Mithilfe der Leckerchen findet der Hund am Anfang die Spur. Und dann später mithilfe der Spur die Leckerchen. "

Michael Tomczak

WAS SIE BEIM LEGEN EINER FÄHRTE BEACHTEN SOLLTEN

Jeder Fährtenleger hat eine für ihn typische Art, Fährten zu legen. Werden dem Hund fast ausschließlich Trainingsfährten durch eine Person gelegt, sollte diese sich über die eigenen Gewohnheiten bewusst sein, und immer wieder davon abweichen. Ändern Sie die Schrittlänge, die Schrittbreite, den Abstand zum Geländewechsel oder zu Wegen, die Intensität des Auftretens. Legen Sie schräg, parallel und senkrecht zu Saatrillen, wechseln Sie das Gelände (Wiese, brauner Acker, Acker mit Bewuchs, ...). Auch die Länge der Geraden sollte verändert werden. Beobachten Sie den Hund im Training genau. Die Veränderungen in der Gestaltung der Trainingsfährte dürfen nicht zu einer generellen Verunsicherung des Hundes führen. Nehmen Sie als Faustformel: Anfang und Ende einer Fährte mehrheitlich einfach, der Mittelteil kann auch schwieriger sein. Lassen Sie sich immer mal wieder einem dem Ausbildungsstand Ihres Hundes angepasste Fremdfährte durch einen erfahrenen Fährtenleger legen.

Striche 1 bis 4 zeigen mögliche Fährtenverläufe.

FALLBEISPIEL

Ordnen Sie die Fährten nach ihrem absehbaren Schwierigkeitsgrad (Foto links).

Lösung Gerade 3 ist am leichtesten. Sie folgt der Richtung der Saatrillen. Bei Gerade 1 können die kreuzenden Saatrillen irritieren, aber nicht so stark wie bei Gerade 4. Hier verlaufen die Saatrillen schräg zur Fährtenrichtung, was für den Hund meist schwerer zu finden ist. Bei Gerade 2 kommt zu dieser Schwierigkeit noch eine Veränderung im Bewuchs hinzu.

Übergang Acker zu Saatacker von links nach rechts

Schräger Übergang der Fährte von blankem Acker zu hohem Bewuchs

Übergang mit Höhenabsatz, Fährte von rechts nach links, Wind von rechts

GELÄNDEWECHSEL

Geländewechsel sind in jeder Prüfungsstufe erlaubt. Dabei kann ein Geländewechsel sowohl auf einer Geraden als auch auf einem Halbkreis der Fährte sein. Wenn Sie die Fährte legen und Geländewechsel einplanen, sollten Sie sich bei jedem Geländewechsel in die Lage des Hundes versetzen, der die Fährte mit der Nase und nicht mit den Augen sucht. Je nach Windrichtung, Geländekanten, Bewuchs o. Ä. muss der Hund lernen, dass die Fährte in das neue Gelände hineinführt. Helfen Sie ihm am Anfang, indem Sie in jeden Tritt Futter legen, die Fährte zeigen oder loben. Der Hund muss sich bei einem Geländewechsel auf das Geruchsbild des neuen Geländes und der Fährte einstellen. Dazu benötigt er je nach bereits gemachten Erfahrungen einige Meter. In diesem Bereich sollte die Fährte zunächst keine weiteren Schwierigkeiten aufweisen, wie z. B. ein plötzlicher Richtungswechsel.

VON LEICHT ZU SCHWER

Bei den ersten Geländewechseln: Kurze Schritte im Bereich des Geländewechsels, Futter in mehrere Schritte legen und langsam die Schwierigkeit erhöhen. Ein schräger Übergang auf das neue Gelände ist schwieriger als ein senkrechter Übergang. Trainieren Sie immer wieder alle Möglichkeiten.

FALLBEISPIEL

Welche Schwierigkeiten sind bei den oben gezeigten Geländewechseln vorhersehbar?

Lösung:

1. Nach dem Geländewechsel ist der Hund eventuell durch die Saatrillen irritiert und versucht den Saatrillen zu folgen.
2. Schräger Übergang schwerer als senkrechter Übergang, Hund wird vermutlich nicht sofort in das Gelände mit hohem Bewuchs wechseln, wenn er diese Situation noch nie erlebt hat. Er wird um den Übergang herum die Fährte suchen und erst nach einiger Zeit dem Verlauf der Fährte folgen.
3. Beim Suchen hat der Hund Rückenwind, dadurch ist der Geländeübergang für den Hund recht schwer. Der Wind prallt an der Kante ab und der Hund kann den weiteren Verlauf der Fährte nicht sofort wahrnehmen.

Intensive Fährtensuche vor einem 90°-Winkel.

Die Richtung der Fährte ändert sich.

90°-WINKEL UND SPITZE WINKEL (<90°)

KURZ GEFASST

Sobald der Hund auf den Geraden auch unter wechselnden Umweltbedingungen zuverlässig das gewünschte Verhalten zeigt, können erste leichte Winkel getreten werden. Dabei wird ein Winkel zunächst mit einem großen Radius getreten, der dann mit zunehmender Schwierigkeit immer kleiner wird. Der Hund folgt beim Suchen der Fährte den einzelnen Schritten, auch wenn sich deren Richtung ändert.

Ein Winkel auf der Fährte ist eine deutliche Richtungsänderung im Fährtenverlauf. Was bedeutet ein Winkel für die Wahrnehmung der Fährte durch den Hund? Der Hund nimmt, wenn er aufmerksam ist, die veränderte Richtung eines Schrittes wahr. Er folgt dieser Richtung und wird dadurch in die nächste Gerade geleitet, die in Bezug auf das Gelände ein eventuell anderes Geruchsbild abgibt. Das Ziel der Ausbildung ist, dass der Hund einen Winkel, der nach den Vorgaben der Prüfungsordnung gelegt wurde, sicher sucht. Diese Winkel werden in normaler Gangart gelegt. Die Art der Richtungsänderung ist ebenfalls festgelegt. Solch ein Winkel ist das Ziel der Ausbildung, nicht der Beginn.

Die Ausbildung beginnt bei sehr leicht zu suchenden Winkeln, und erst wenn diese bei allen möglichen Windeinflüssen sicher und ohne zu stocken gesucht werden, kann die Schwierigkeit erhöht werden.

Legen Sie in den direkten Bereich des Winkels kein Futter, denn es würde die Aufmerksamkeit des Hundes von der Fährte ablenken. Direkt nach dem Winkel sollte das Futter ausgelegt werden. Nur ein Winkel, der im Gegenwind liegt, bildet die Ausnahme. Legen Sie das Futter erst in den ca. dritten oder vierten Schritt nach dem Winkel. Der Hund würde das Futter sonst zu früh wahrnehmen, die Fährte verlassen und direkt zum Futter gehen.

Der Hund folgt flüssig der Richtungsänderung.

Danach folgt er dem Verlauf der Geraden nach dem Winkel.

VORBEREITUNG

Grundsätzlich sind vor allem bei unerfahrenen Hunden im Training die Winkel so zu legen, dass der Hund sie mit einer hohen Wahrscheinlichkeit problemlos suchen kann. Der Hundeführer muss genau wissen, wo der Winkel ist und er sollte schon beim Legen der Fährte die Windrichtung einplanen. Denn beim Suchen der Fährte kann ein Winkel durch die Richtung des einwirkenden Windes leichter oder schwerer zu suchen sein. Herrscht Wind, dann ändert sich zugleich mit der Richtungsänderung der Fährte auch die Richtung des einwirkenden Windes.

Legen Sie Winkel zunächst mit einem großen Radius und Schritt an Schritt. Nur wenn der Hund diese Winkel auch unter Einwirkung unterschiedlicher Windrichtungen zuverlässig und ohne zu stocken sucht, können Sie die Schwierigkeit der Winkel erhöhen, z. B. durch Verringerung des Radius, Vergrößerung der Schrittlänge oder der Schrittbreite.

Je nach Prüfungsstufe sind 90°-Winkel beziehungsweise auch <90°-Winkel vorgeschrieben. Legen Sie zunächst vorwiegend 90°-Winkel, anfangs sehr leicht zu suchende (siehe Seite 86ff).

DURCHFÜHRUNG (ENTSPRICHT GERADEN)

Im Training folgt der Hundeführer dem Hund in ca. 2 m Abstand. Den Abstand sollte er so wählen, dass er den Hund wenn notwendig korrigieren kann. Er muss den Aktionsradius des Hundes einschränken können. Andererseits sollte sich der Hund

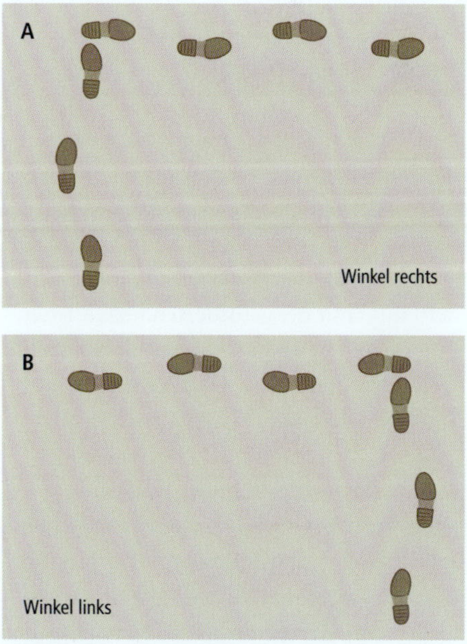

Gestaltung von 90°-Winkeln nach der IGP

nicht durch den Hundeführer bedrängt fühlen, und dadurch nicht mehr frei und selbstständig arbeiten können. Die Leine ist leicht gespannt, sodass der Hundeführer einen guten Kontakt zum Hund hält. Am Winkel muss er dazu einen Bogen laufen: Bei kurzer Leine einen kleinen Bogen, bei langer Leine einen größeren. Die Leine ist zwar leicht gespannt, darf aber den Hund nicht behindern. Alternativ kann der Hundeführer auch stehen bleiben, sobald sein Hund in die nächste Gerade abbiegt und erst dann seinem Hund folgen, wenn die Leine sich wieder spannt.
Wenn der Hund dem Fährtenverlauf auch im Winkel mit gleichbleibendem Tempo folgt, lobt der Hundeführer ihn.
Bei absehbar schwierigen Winkeln wird beim Legen der Fährte vermehrt Futter nach dem Winkel auf der Fährte platziert. Das gibt dem Hund auch bei auftretenden Problemen Sicherheit, ebenso das Lob des Hundeführers, wenn der Hund sich wie gewünscht verhält.

IDEALES VERHALTEN DES HUNDES

Nach der IGP soll der Hund die Winkel sicher ausarbeiten. Kreisen am Winkel ist fehlerhaft. Ein Überzeugen (Erklärung siehe nächster Abschnitt), ohne die Fährte zu verlassen, ist zulässig. Nach dem Winkel muss der Hund mit der geforderten hohen Intensität und im gleichen Tempo weitersuchen. Diese Beschreibung zeigt das gewünschte Suchverhalten eines Hundes an den Winkeln: die Zielvorstellung. Darauf arbeiten wir im Training hin. In der IGP ist nicht genauer beschrieben, was unter einem sicheren Ausarbeiten zu verstehen ist. Der Hund sollte erfahrungsgemäß den Winkel in gleichbleibendem Tempo mit tiefer Nase absuchen und ohne Verzögerung in die nächste Gerade einbiegen. Unter Überzeugen wird meist ein Stehenbleiben des Hundes verstanden, der dabei den Bereich des Winkels mit tiefer Nase auch rechts und links von der eigentlichen Fährte untersucht, was aber ein deutlicher Hinweis darauf ist, dass der Hund ein Problem mit dem Winkel hat. Dieses Verhalten sollte der Hund im Training nicht bei jedem Winkel zeigen, da es nicht dem idealen Suchverhalten entspricht. Die Winkel auf der Trainingsfährte sollen immer dem Ausbildungsstand des Hundes angepasst sein und ein mehrheitlich fehlerfreies Suchen ermöglichen. Im Training sollte der Hund das Futter nach dem Winkel aufnehmen, damit er sein Suchtempo auch nach dem Winkel nicht erhöht.

LERNZIELE FÜR DEN HUND

Der Hund soll dem Verlauf der Fährte genau und sicher folgen, auch wenn die Richtung der Fährte sich ändert und damit der Wind in Bezug auf die Fährte aus einer anderen Richtung kommt. Der Hund soll Winkel unterschiedlichster Art zuverlässig suchen. Er soll Winkel, die als enge oder weite Bögen gelegt sind, genauso exakt suchen, wie Winkel nach der IGP.
Findet der Hund den Verlauf der Fährte im Bereich des Winkels nicht spontan, soll er stehen bleiben und nur durch Drehen des Kopfes mit tiefer Nase den weiteren Fährtenverlauf suchen. Kleine Hunde haben allerdings häufig einen zu kleinen Bereich, den sie nur durch Kopfdrehen untersuchen können. Hier lässt es sich meist nicht umgehen, dass der Hund sich etwas von der Fährte entfernt, um sie dann wieder aufnehmen zu können. Dieses Verhalten sollte aber eine Ausnahme sein und durch den Hundeführer eng begrenzt werden.
Der Hund soll am Winkel exakt auf der Fährte bleiben und sich davon auch durch starken Wind nicht abbringen lassen.

Das Suchtempo muss der Reaktionsfähigkeit des Hundes angepasst sein. Ein sehr schnell suchender Hund, der aber nicht schnell auf Veränderungen der Fährte wie z. B. Winkel oder Gegenstände reagieren kann (keine schnelle Reaktionszeit), wird jeden Winkel, auch wenn er seinem Ausbildungsstand angemessen ist, überlaufen. Hier muss der Hund lernen, langsamer zu suchen.

UNERWÜNSCHTES VERHALTEN

Verlassen der Fährte im Bereich des Winkels, Abkürzen des Winkels, Überlaufen des Winkels, Verlieren der Fährte, Heben des Kopfes, wenn ein Problem auftaucht, Kreisen am Winkel, Veränderung des Suchtempos nach dem Winkel

LERNFELDER FÜR DEN HUNDEFÜHRER

Der Hundeführer muss die Lage des Winkels genau kennen. Nur dann kann er einschätzen, ob sein Hund den Winkel exakt gesucht hat und ihm die eventuell notwendigen Hilfen oder Signale geben. Er muss die Körpersprache seines Hundes lesen können, um zu erkennen, ob sein Hund am Winkel intensiv und motiviert sucht, oder unaufmerksam ist. Die Gründe für ein Fehlverhalten am Winkel können vielfältig sein. Daher sollte der Hundeführer am Winkel mehrere Faktoren gleichzeitig wahrnehmen: die Körpersprache des Hundes, die Windrichtung, die Art der Winkelgestaltung durch den Fährtenleger, Besonderheiten im Gelände am Winkel (z. B. Traktorspuren, Bewuchsveränderungen, ...). Das Zusammenspiel all dieser Faktoren kann das Suchverhalten des Hundes beeinflussen, und ist für die Überlegungen für die

Genaue Beobachtung des Hundes am spitzen Winkel: etwas hohe Nase

weitere Trainingsplanung von Bedeutung. Wenn der Hundeführer seinen Hund auf eine Prüfung vorbereitet, muss er lernen, wie er im 10 m Abstand zu seinem Hund im Bereich eines Winkels die Leine möglichst lange gespannt halten kann. Dazu läuft er bei 90°-Winkeln einen Bogen, sodass die Leine zwar leicht gespannt ist, aber sein Hund nicht behindert wird. Manche Hundeführer bleiben stehen, sobald der Hund in den Winkel abbiegt und laufen erst weiter, wenn sich die Leine wieder spannt. Bei diesem Vorgehen sollte der Hund dennoch mit gleichmäßiger Geschwindigkeit suchen.

VON LEICHT ZU SCHWER

Die Trainingswinkel sollten immer so gestaltet werden, dass der Hund sie voraussichtlich gut bewältigen kann. Je nach Windrichtung müssen manche Winkel im Vergleich zu anderen Winkeln der gleichen Trainingsfährte in einer veränderten Schrittfolge gelegt werden, da die Windrichtung das Suchen des Winkels erschweren kann. Will man die Schwierigkeit der Winkel steigern, lässt man am besten die ersten Winkel im gewohnten Schwierigkeitsgrad, und erhöht die Schwierigkeit der Winkel in der Mitte der Fährte. Die Winkel gegen Ende der Fährte werden dann wieder in der leichteren Version gelegt. Der Hund kann dabei zuerst ein sicheres Ausarbeiten zeigen, dann die schwierigeren Winkel eventuell zögerlich oder nicht ganz korrekt suchen, und bei den letzten leichteren Winkeln wieder zu seinem anfänglichen sicheren Suchverhalten zurückkehren.

Die Schwierigkeit eines Winkels hängt ab von:

— dem Grad der Bodenverletzung durch den Schuhabdruck (Intensität des Gehens, Gewicht des Fährtenlegers)
— dem Radius der Richtungsänderung (ein großer Radius ist einfacher als ein kleinerer Radius)
— der Deutlichkeit des eigentlichen Winkels (Doppelschritt leichter als Einzelschritt)
— der Gestaltung der Schrittfolge vor, nach und im Bereich des Winkels (siehe Grafiken A bis F)
— von der Richtung und Stärke des einwirkenden Windes
— von der Struktur des Geländes, in ebenem gleichmäßigem Gelände ist ein Winkel leichter zu suchen als z. B. in einem Gelände mit ausgeprägten Bearbeitungsspuren, oder wenn der Winkel in einer Traktorspur liegt.
— von Windverwirbelungen oder einer Änderung der Windrichtung im Bereich des Winkels (z. B. in grobem Schollenacker)
— und sämtlichen Faktoren, die auch die Schwierigkeit einer Geraden beeinflussen (unterschiedliches Gelände, Wetter, ...)

Die Schwierigkeit für den Hund steigt von A bis F. Es gibt natürlich noch weitere Möglichkeiten, einen Winkel zu treten. Die Schwierigkeit eines Winkels wird auch durch die Windrichtung bestimmt. Jede Windrichtung hat ihre eigenen Schwierigkeiten.

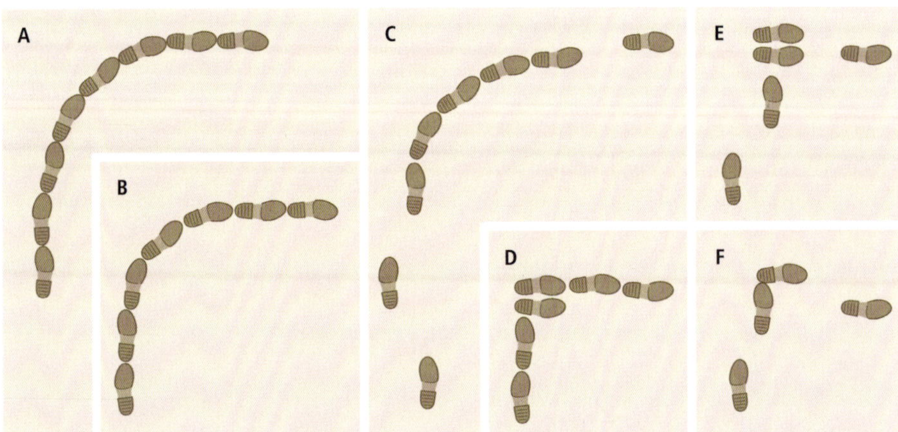

A: Winkel mit relativ großem Radius, Schritt an Schritt. **B:** Winkel mit kleinerem Radius, Schritt an Schritt **C:** Winkel Schritt an Schritt, davor und danach haben die Schritte zueinander einen deutlichen Abstand. **D:** Doppelschritt 90° zur Laufrichtung. Wichtig: kein seitlicher Versatz, Schritte vor und nach dem Winkel ohne Abstand aneinandergereiht. **E:** Doppelschritt 90° zur Laufrichtung, Schritte vor und nach dem Winkel mit seitlichem Versatz. **F:** Winkel nach Prüfungsordnung.

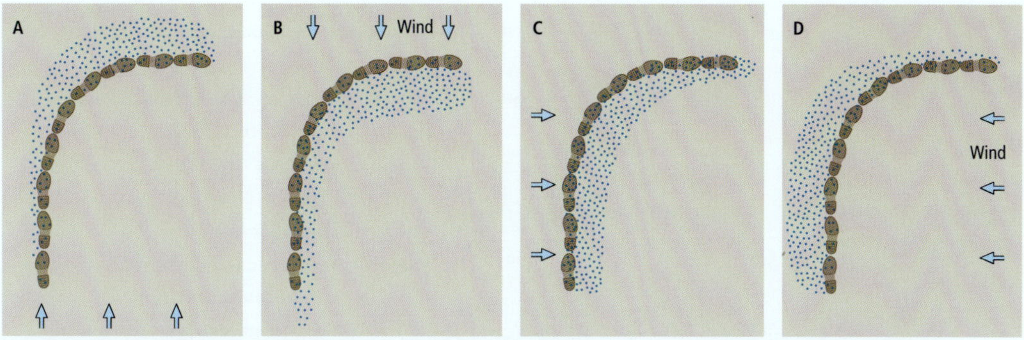

A: Hund überläuft Winkel leicht. **B:** Hund biegt zu früh in den Winkel ein, kürzt den Winkel ab. **C:** Hund läuft auf der Geraden eventuell seitlich versetzt. Falls Hund nicht rechtzeitig bemerkt, dass der Fährtengeruch nicht mehr da ist, hat er Schwierigkeiten, den Winkel zu finden, weil der Fährtengeruch von ihm fortgetragen wird. **D:** Hund läuft auf Gerade seitlich versetzt, Winkel ist aber gut zu finden.

Für ein optimales Training sollte der Hundeführer beim Legen der Fährte einschätzen können, welche Probleme bei der Winkelsuche auftreten können. Wie sind einfach zu suchende Winkel zu legen und wie kann der Hundeführer die Schwierigkeit der Winkel LANGSAM steigern? Dazu muss er beim Legen der Trainingsfährten die Windrichtung bei jedem Winkel kennen. Der Aufbau des Trainings von spitzen Winkeln entspricht dem Training von rechten Winkeln. Zunächst werden Winkel mit Radien getreten und dann der Radius immer mehr verkleinert. Auch die Art der Schrittfolge sollte von leicht zu schwerer gestaltet werden (siehe Grafiken A bis F auf der gegenüberliegenden Seite).
Ein spitzer Winkel soll nach der IGP zwischen 30 und 60 Grad aufweisen.
Viele Hunde müssen sich erst daran gewöhnen, dass sie beim Suchen eines spitzen Winkels dem Hundeführer wieder entgegen-

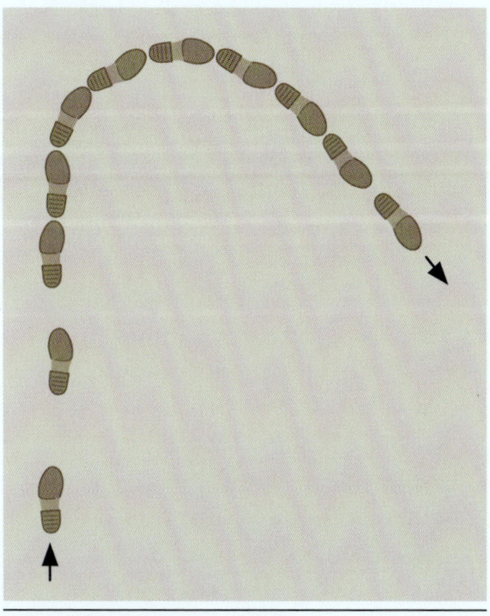

Spitzer Winkel getreten mit Radius

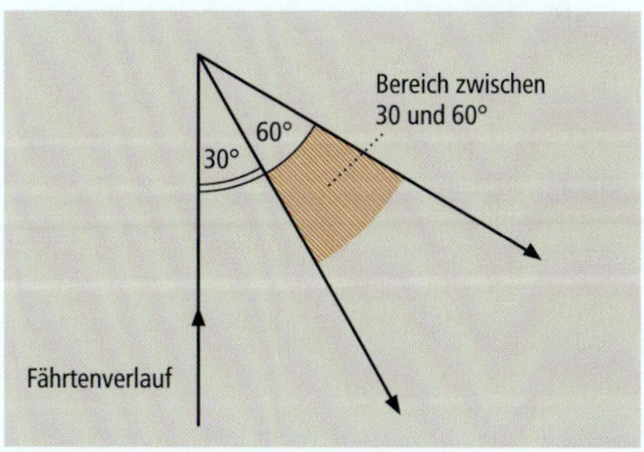

Bereich eines spitzen Winkels nach IGP

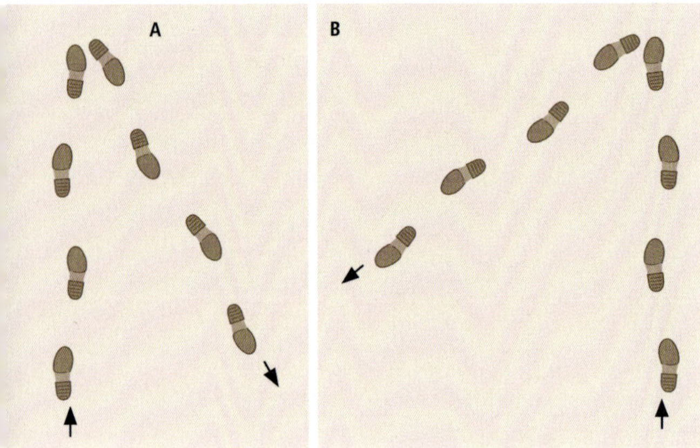

Gestaltung spitzer Winkel nach der IGP, A nach rechts, B nach links

kommen. Auch hier ist viel Futter auf der Fährte eine gute Möglichkeit, dem Hund seine anfängliche Unsicherheit beim Suchen eines spitzen Winkels zu nehmen.
Ein Winkel mit 30 Grad ist meist schwerer zu suchen, als ein Winkel mit 60 Grad. Auch hier hat auftretender Wind Einfluss auf die Schwierigkeit eines Winkels bei der Sucharbeit. Trainieren Sie alle Möglichkeiten immer wieder.
Die Grafiken A und B zeigen spitze Winkel nach der IGP. Streng genommen könnte man diese Winkelgestaltung auch als einen Fährtenabriss ansehen. In der Realität wird solch ein Winkel kaum zu treten sein, ohne sich das Knie zu verrenken.

WISSENSWERTES

In der Prüfungsordnung ist die Lage der Winkel im Gelände nicht vorgeschrieben. Sie können sich in der Nähe eines Weges, einer Geländekante oder mitten im Gelände befinden. Bei Prüfungen können trotz der Vorgaben der Prüfungsordnung alle denkbaren Formen von Winkeln auftreten, von leichten Bögen bis hin zu Fährtenabrissen. Es sollten daher immer wieder alle Variationen geübt werden. Auch ein erfahrener Hund kann sich von einem Winkel, der als Bogen deutlich ausgetreten wurde, verunsichern lassen, den Winkel nicht suchen und die Sucharbeit abbrechen. Lassen Sie sich ab und zu eine Fährte und damit auch eine andere Winkelgestaltung durch einen erfahrenen Fährtenleger legen.
Beispiel: Sora, eine sehr erfahrende Hündin, bricht bei einer überregionalen Meisterschaft die Fährtenarbeit mitten im Gelände ab. Grund: Die Fährte ist nach menschlichem Ermessen zwar leicht zu suchen, einer der Winkel ist aber als kleiner Bogen getreten und die Hündin ist dadurch so irritiert, dass sie die darauffolgende Gerade nicht findet. Sie bricht die Sucharbeit nach einiger Zeit erfolglosen Suchens ab. Die Hundeführerin vermutet, dass der Hund durch die runde Winkelgestaltung stark verunsichert war.

FALLBEISPIEL

Ein Hund sucht eine Gerade intensiv mit tiefer Nase, überläuft den anschließenden Winkel (der nach links führt), geht mit tiefer Nase geradeaus weiter und zeigt auch nach 1 m immer noch keine Reaktion. Erst nach ca. 2 m biegt er nach links ab und kommt in einem großen Bogen wieder auf die Fährte. Was könnten die Gründe sein?

Lösung: Zunächst müssen wir die Windrichtung wissen bzw. vorgeben. Wir nehmen für die folgenden Überlegungen an, dass ein leichter Wind von rechts kommt. Das Fehlverhalten setzt sich aus mehreren unterschiedlichen Abläufen zusammen:

1. **Der Hund bemerkt die Richtungsänderung der Fährte nicht.**
2. **Der Hund läuft mit tiefer Nase weiter, obwohl er nicht mehr auf der Fährte ist.**
3. **Der Hund biegt nach links ab. Nach Ablaufen eines Bogens findet er die Fährte wieder und sucht weiter.**

Zu 1: Der Hund bemerkt die Richtungsänderung der Fährte nicht. Dies kann unterschiedliche Gründe haben:

a) Der Hund ist unaufmerksam und bemerkt den Winkel deshalb nicht.
b) Die Gestaltung des Winkels entspricht nicht dem Ausbildungsstand des Hundes oder der Winkel wurde durch Wettereinflüsse schwerer als geplant.
c) Der Hund hat zu wenig Erfahrung mit Wind während des Trainings.

Zu 2: Der Hund läuft weiter mit tiefer Nase, obwohl er den direkten Bereich der Fährte verlassen hat.
Hier handelt es sich vermutlich um eine Fehlverknüpfung des Hundes. Für ihn ist das gewünschte Verhalten (tiefe Nase) nicht unbedingt mit dem Absuchen der Fährte verbunden. Dieses Verhalten zeigt sich häufig bei einem Hund, dessen Hundeführer im Training nicht die exakte Lage des Winkels kennt und ihn deshalb nicht korrigieren kann. Es kann aber auch ein Meideverhalten sein. Der Hund hat die Erfahrung gemacht, dass er mit Strafmaßnahmen rechnen muss, sobald er die Nase hochnimmt.

Zu 3: Der Hund biegt nach links ab, und nach Ablaufen eines Bogens findet er die Fährte wieder und sucht weiter.
Dieses Verhalten ist die Problemlösestrategie des Hundes. Er war im bisherigen Training mit den Winkeln mehrheitlich überfordert, d.h. er lernte nicht eine sichere und problemlose Winkelarbeit. Er ist es gewohnt, einen Winkel ohne Reaktion durch den Hundeführer zu überlaufen, da dieser die Lage des Winkels meist nicht genau kannte. Um wieder auf die Fährte zu kommen, läuft der Hund einen Bogen und findet dadurch auf diese zurück. Sobald er die Fährte wieder aufnimmt, wird er gelobt, da der Hundeführer froh ist, dass sein Hund selbstständig die Fährte gefunden hat. Trotzdem ist es kein ideales Winkelsuchverhalten. Auch das selbstständige Weitersuchen und Finden der Fährte sollte nicht darüber hinwegtäuschen, dass hier ein Fehler in der Ausbildung vorliegt. Im weiteren Training sollte die Winkelgestaltung dem Ausbildungsstand des Hundes angepasst werden und der Hundeführer muss die Lage der Winkel genau kennen. Tipps, wie ein Hundeführer sich die Lage der Winkel merken kann, finden Sie im Kapitel über die Trainingsfährte Seite 121 f.

Fährte ist nicht zu sehen, der Anfang ist beim Ast.

Tiefe Nase heißt nicht immer auf der Fährte sein.

FÄHRTENABRISS

Bei jeder Art von Winkel wie auch bei der Gestaltung von Geraden muss ein Fährtenabriss vermieden werden. Ein Fährtenabriss ist dadurch gekennzeichnet, dass der Hund, wenn er der Fährte exakt folgt, keine Möglichkeit hat, eine Änderung der Fährtenrichtung zu bemerken. Bei A und E ist es offensichtlich, dass der erste Tritt nach dem Winkel außerhalb des Suchbereiches liegt. Bei B bis D ist die Pendelbewegung, die der Hund beim Suchen macht, mit zu berücksichtigen.

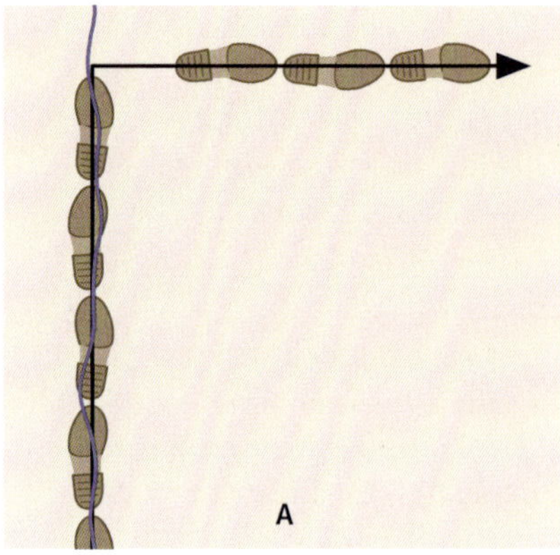

Fährtenabriss nach durchgehender Schrittfolge

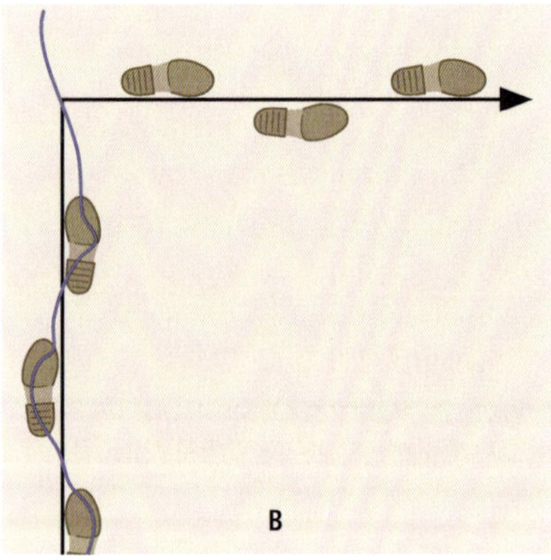

Fährtenabriss, nicht so ausgeprägt

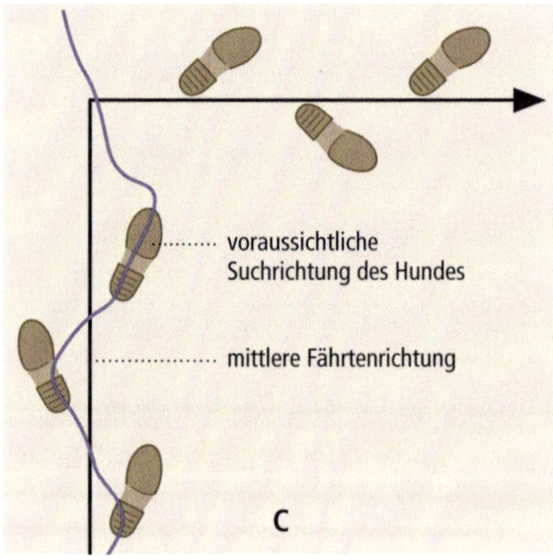

Fährtenabriss, ausgeprägt

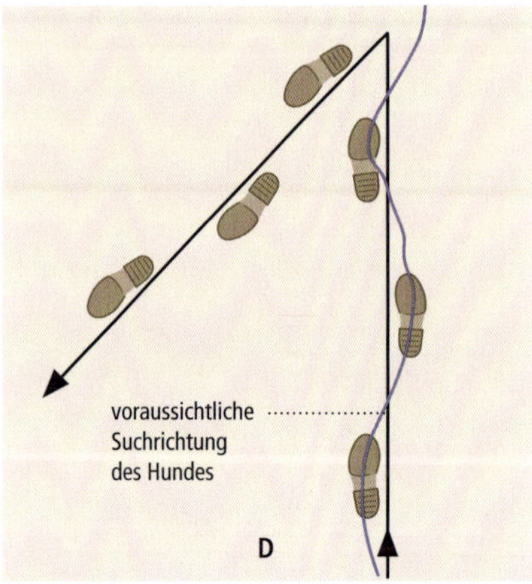

Abriss am spitzen Winkel, nicht so ausgeprägt

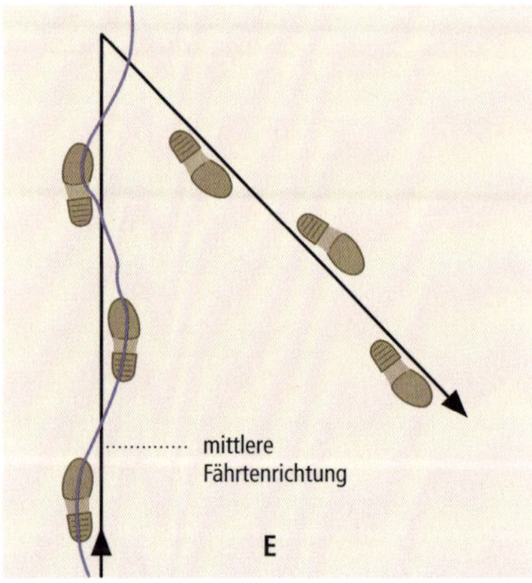

Fährtenabriss am spitzen Winkel, ausgeprägt

BOGEN (HALBKREIS)

Der Bogen (Bezeichnung nach IGP) hat die Form eines Halbkreises. Er beginnt mit einem 90°-Winkel und endet mit einem 90°-Winkel. Laut Prüfungsordnung soll er einen Radius von 30 m haben. Das bedeutet, dass es vom Eingangs- zum Ausgangswinkel 60 m sind. In Abhängigkeit vom Gelände und dem Fährtenleger findet man allerdings Bogen mit anderen Dimensionen und Formen. Die Anfangs- und Ausgangswinkel des Halbkreises können so unterschiedlich wie andere 90°-Winkel sein. Trainieren Sie verschiedene Varianten. Im Folgenden wird die Bezeichnung „Bogen“ durch „Halbkreis“ ersetzt, da diese Bezeichnung die gewünschte Form der Fährte genauer beschreibt.
Ein Halbkreis hat ähnliche Schwierigkeiten wie ein Winkel mit anschließender Gerade. Nur ändert sich auf dem Halbkreis im Gegensatz zur Geraden ständig die Windrichtung in Bezug auf die Suchrichtung. Zudem verändert sich der Fährtenverlauf im Verhältnis zur vorherrschenden Ausrichtung des Geländes (z. B. Saatrillen oder Mähspuren). Daher kann man damit rechnen, dass der Hund immer wieder leicht von der Fährte abkommt. Um den Hund korrigieren zu können, ist auch hier eine exakte Kenntnis des Fährtenverlaufs wichtig.

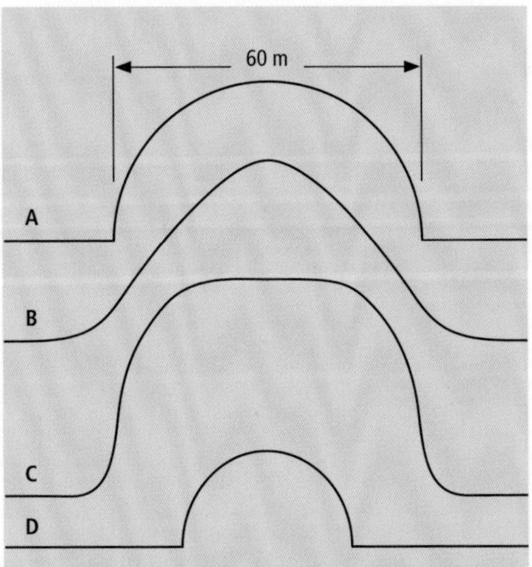

A: Halbkreis mit Durchmesser 60 m. **B:** Halbkreis mit rundem Eingangs- und Ausgangswinkel >90°, Form ist kein Halbkreis. **C:** Halbkreis mit rundem Eingangs- und Ausgangswinkel und geradem Teilstück. **D:** Halbkreis mit sehr kleinem Radius.

VORBEREITUNG

Im Bereich des Halbkreises wird in der Lernphase relativ viel Futter in die Trittspuren gelegt, um dem Hund die nötige Sicherheit zu geben und ihn, falls er von der Fährte abkommt, wieder auf diese zu führen. Viele Hunde sind durch die wechselnde Windeinwirkung und ständige Änderung der Fährtenrichtung in Bezug auf das Gelände zunächst verunsichert.
Auch wenn ein Hund eine Gerade schon mit einer relativ großen Schrittlänge zuverlässig suchen kann, ist es sinnvoll, einen Halbkreis zunächst mit einer leichter zu suchenden, z.B. kleineren Schrittlänge zu legen.
Die weitere Vorbereitung und Durchführung der Übung sowie die Lernfelder des Hundes und des Hundeführers entsprechen den entsprechenden Abschnitten der Übungen zu Geraden und Winkeln.

IDEALES VERHALTEN DES HUNDES

Der Hund sucht den Eingangswinkel, den Halbkreis und den abschließenden Winkel in einem gleichbleibenden Tempo, mit tiefer Nase, intensiv jeden Tritt untersuchend.

UNERWÜNSCHTES VERHALTEN

Beim Suchen eines Halbkreises können sämtliche unerwünschte Verhaltensweisen wie in den Abschnitten über das Suchen einer Geraden oder eines Winkels auftreten, insbesondere: das Verlassen der Fährte, Abkürzen des Halbkreises, Überlaufen der Winkel, Verlieren der Fährte, Heben des Kopfes, wenn ein Problem auftaucht, Kreisen am Winkel, Veränderung des Suchtempos nach dem Winkel, Stöberverhalten statt zielgerichtetem Suchen.

VON LEICHT ZU SCHWER

Die Schwierigkeit eines Halbkreises wird u. a. erhöht durch:

- starken und/oder böigen Wind
- deutliche Geländestrukturen (Traktorspuren, Bearbeitungsspuren, ...)
- große Schrittweite
- große Schrittbreite
- kleineren Radius des Bogens
- geringere Intensität der Bodenzerstörung
- Weitere Beschreibungen von Schwierigkeitsfaktoren finden Sie in den Abschnitten über die Geraden- und Winkelarbeit.

Suchen auf kurzem, eingesätem Acker

FALLBEISPIEL

Mit welchen Schwierigkeiten müssen Sie an den Punkten 1 bis 10 rechnen?

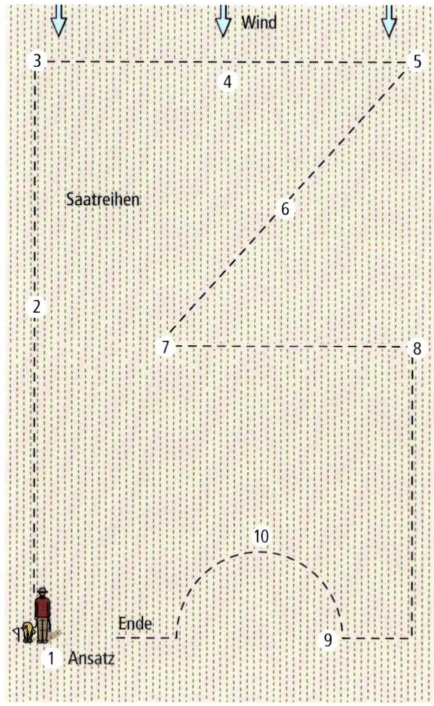

Wo sind die vorhersehbaren Schwierigkeiten?

Lösung: Bevor Sie an eine Lösung dieser Aufgabe gehen können, beachten Sie die eingezeichnete Windrichtung. Sie kommt bei der ersten Gerade von vorne. Im Folgenden finden Sie eine Auswahl der möglichen Schwierigkeiten. Diese können, müssen aber nicht auftreten.

Punkt 1: Die Fährte beginnt im Gegenwind, der Hund riecht sofort, wo die Fährte hinführt und nimmt den Ansatz nicht intensiv und konzentriert auf, er stürmt gleich voran.

Punkt 2: Im Gegenwind nimmt der Hund die Nase von Anfang an leicht nach oben, er riecht ausgelegtes Futter frühzeitig und wird

Intensive Suche, aber mit starkem Zug an der Leine

beim Suchen etwas schneller, die Fährtenrichtung entlang der Geländestruktur (Saatreihen) ist leicht zu suchen.

Punkt 3: Der Winkel wird frühzeitig wahrgenommen. Dadurch biegt der Hund zu früh ab und kürzt den Winkel ab.

Punkt 4: Der Wind kommt von der Seite, der Hund sucht leicht seitlich nach rechts versetzt, die Fährtenrichtung liegt 90° zu den Geländestrukturen (gut zu suchen).

Punkt 5: Der Winkel ist relativ schwer zu suchen, da der Wind den Geruch der Fährte am Winkel vom Hund weg weht, Hund kreist, die Fährtenrichtung der folgenden Geraden liegt schräg zur Geländestruktur (schwerer zu suchen).

Punkt 6: Die Gerade liegt schräg zu den Saatreihen, der Hund hat Schwierigkeiten, dem Verlauf der Fährte zu folgen. Er geht immer wieder der Richtung der Saatrillen nach, läuft nach links versetzt (Seitenwind).

Punkt 7: Der Winkel ist relativ schwer zu suchen, da der Wind den Geruch der Fährte vom Hund weg weht. Hund kreist, die neue Richtung der Geraden 90° zur Geländestruktur ist aber leichter zu finden.

Punkt 8: Der Winkel ist relativ schwer zu suchen, da der Wind den Geruch der Fährte vom Hund weg weht, die neue Richtung der Geraden entlang der Geländestruktur ist aber leichter zu finden.

Punkt 9: Leichter Winkel, da der Wind den Geruch der folgenden Gerade in den Winkel bläst.

Punkt 10: Der Bogen liegt in strukturiertem Gelände, der Hund hat Schwierigkeiten, dem Verlauf der Fährte zu folgen, geht immer wieder der Richtung der Saatreihen nach.

01 Der Hund sucht intensiv die Fährte.

02 Er verweist den Gegenstand durch sich Hinlegen.

03 Der Hundeführer tritt neben den Hund.

04 „Such", der Hund sucht die Fährte intensiv weite

GEGENSTÄNDE VERWEISEN

Die Aufgabe des Hundes ist nicht nur, die Fährte zu suchen, sondern auch Gegenstände zu finden, die der Fährtenleger zuvor auf der Fährte ausgelegt hat. Er soll dem Hundeführer deutlich machen, dass er einen Gegenstand gefunden hat. Er tut dies durch Verweisen oder Aufnehmen. Das Aufnehmen ist sehr unüblich und wird hier nicht beschrieben. Verweisen bedeutet, dass der Hund entweder vor dem Gegenstand stehen bleibt, sich hinlegt oder hinsetzt. Der Hund soll so lange

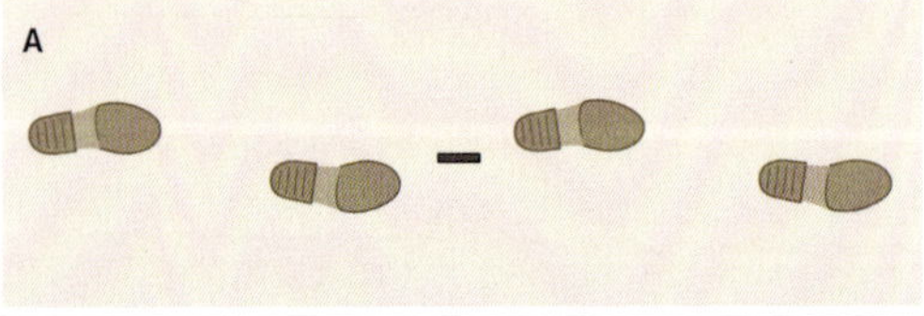

Gegenstand liegt zwischen den Tritten in Richtung der Fährte

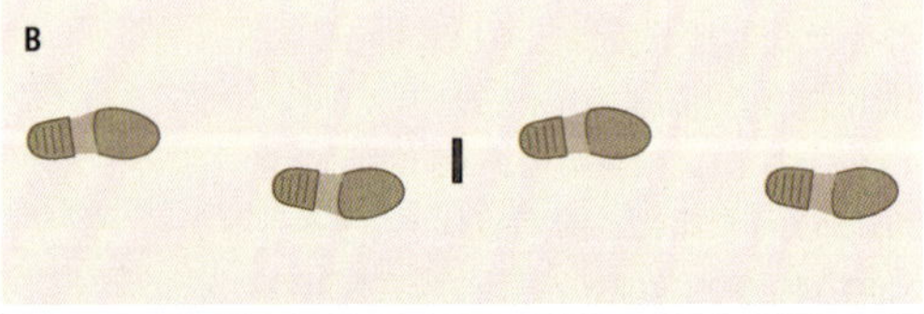

Gegenstand liegt zwischen den Tritten senkrecht zur Fährte

Dieser Hund verweist durch Hinsetzen.

Der Hund verweist durch Stehenbleiben.

Unterschiedliche Gegenstände (IGP-konform)

ruhig in dieser Stellung verharren, bis der Hundeführer den Gegenstand aufgenommen hat und das Hörzeichen „Such" gibt. Die häufigste Art des Verweisens ist das Hinlegen. Die Größe der Gegenstände ist in der IGP vorgeschrieben (Länge 10 cm, Breite 2 – 3 cm, Stärke 0,5 bis 1 cm). Sie sollen aus unterschiedlichen Materialien bestehen. Die Gegenstände dürfen sich nicht deutlich vom Gelände unterscheiden (in der Prüfungspraxis tun sie dies manchmal). Die Gegenstände sollen sich beim Verweisen zwischen oder direkt vor den Vorderpfoten des Hundes befinden.

KURZ GEFASST

Auf einer Fährte werden Gegenstände beim Legen der Fährte vom Fährtenleger ausgelegt, die der Hund finden und entweder aufnehmen oder verweisen muss.
Es dürfen neue und bereits benutzte Gegenstände verwendet werden, die jedoch mindestens 30 min vor Ablegen durch den Fährtenleger am Körper getragen werden müssen. Die Gegenstände werden nach der IGP zwischen den Schuhabdrücken platziert.

VORÜBERLEGUNGEN UND VORÜBUNGEN

Der Hundeführer muss entscheiden, wie sein Hund den Gegenstand anzeigen soll: Verweisen durch Stehenbleiben, Hinsetzen oder Hinlegen. Jede Verweisart hat ihre Vor- und Nachteile.

Art zu Verweisen	Vorteil	Nachteil
Liegen	Hund verharrt sicher in der Position, die Hemmschwelle, ohne Hörzeichen des Hundeführers weiterzusuchen, ist höher, als bei den anderen Verweispositionen	Für viele Hunde ist es sehr unangenehm, sich auf einen nassen Boden hinzulegen, ebenfalls unangenehm ist ein harter Bodenbewuchs. Hohe Fehleranfälligkeit: langsames Hinlegen, schräges Verweisen.
Sitzen	Relative sichere Verweisposition. Mögliches Problem: Manche Hunde ziehen beim Hinsetzen die Vorderbeine nach hinten, dadurch ist der Abstand zu den Gegenständen zu groß. Nur Hunde, die beim Hinsetzen die Hinterbeine zu den Vorderbeinen hinziehen, können eine korrekte Position zu den Gegenständen einnehmen.	Nasser Boden und harter Bodenbewuchs sind unangenehm, jedoch nicht so sehr, wie beim Hinlegen.
Stehen	Vermeidet Reaktion des Hundes auf nasses oder unangenehmes Gelände	Bei manchen Hunden eine sehr unsichere Position, Hund setzt die Suche eventuell leichter ohne Hörzeichen fort, als bei anderen Verweispositionen. Hohe Fehleranfälligkeit hinsichtlich ruhigen und stabilen Stehens. Hund setzt oder legt sich häufig hin, wenn der Hundeführer neben ihn tritt.

GEEIGNETER ZEITPUNKT FÜR DAS VERWEISTRAINING

Der Hund sollte ein sicheres Suchen von Geraden und Winkeln bei unterschiedlichen Geländearten und Wettereinflüssen zeigen. Dann kann mit dem Verweistraining auf der Fährte begonnen werden.

Beginnt man recht spät damit, zeigen manche Hunde ein sehr unwilliges Verweisverhalten, das nur schwer verbessert werden kann. Die Hunde wollen dann lieber der Fährte folgen, als Gegenstände zu finden. Außerhalb der Fährte kann das Verweisen schon früher geübt werden.

VORBEREITUNG

Der Hundeführer legt die Gegenstände auf die Fährte. Er muss genau wissen, wo sie liegen, auch später beim Suchen der Fährte in einem Abstand von 2 – 10 m hinter dem suchenden Hund.
Zu Beginn des Verweistrainings sollte der Gegenstand für den Hund sehr leicht zu finden sein. Legen Sie ihn dazu direkt in einen Schuhabdruck, da der Hund diesen beim Suchen sowieso schon genau absucht und er damit den Gegenstand automatisch wahrnimmt. Später werden die Gegenstände zwischen die Schuhabdrücke gelegt, mal in Längsrichtung, mal quer zur Suchrichtung. Laut IGP müssen die Gegenstände zwischen den Schuhabdrücken liegen. Es ist aber damit zu rechnen, dass sie zum Teil in oder manchmal auch neben den Abdrücken abgelegt werden. Trainieren Sie deshalb nach und nach alle denkbaren Möglichkeiten.

DURCHFÜHRUNG

Das Verweisen setzt sich aus vielen verschiedenen Verhaltensweisen zusammen, von denen jede für sich sehr fehleranfällig ist. Sie finden im Folgenden Beschreibungen zu den unterschiedlichen Möglichkeiten, dem Hund das Verweisen eines Gegenstandes beizubringen. Achten Sie von Anfang an auf ein korrektes Verhalten Ihres Hundes am Gegenstand. Informieren Sie sich frühzeitig im Kapitel „Korrektur von unerwünschten Verhalten" über die Möglichkeiten, auftauchende Probleme anzugehen.

LERNEN OHNE FREMDE HILFE

Der Hund kennt und befolgt bereits das Hörzeichen „Sitz, Platz oder Steh" außerhalb des Fährtentrainings. Sobald er mit der Nase am Gegenstand ist, blockiert der Hundeführer ihn mit der Leine und ruft das Hörzeichen, zum Beispiel „Platz". Befolgt der Hund das Hörzeichen, wird er sofort gelobt. Der Hundeführer muss sicher sein, dass sein Hund den Gegenstand wahrgenommen hat. Nur dann verbindet er den Gegenstand mit dem Hörzeichen und dem gewünschten Verhalten.

LERNEN MIT VORÜBUNG AUSSERHALB DER FÄHRTE

Der Hund lernt zunächst abseits der Fährte, Gegenstände korrekt zu verweisen.
Beispiel: Der Hund soll einen Gegenstand durch Hinlegen verweisen. Dazu werden die Gegenstände sichtbar ausgelegt. Signalisieren Sie Ihrem Hund durch eine Zeigegeste, dass er sich hinlegen soll. Sie können auch Futter in der Hand halten und damit die Zeigegeste unterstützen. Während er sich hinlegt, geben Sie das entsprechende Hörzeichen. Sobald er die gewünschte Position eingenommen hat, loben Sie ihn und/oder geben ihm das Leckerchen. Achten Sie darauf, dass der Gegenstand zwischen seinen Pfoten liegt. Dieses Vorgehen wiederholen Sie an jedem Gegenstand, so lange, bis er sich beim Erreichen des Gegenstandes von allein hinlegt. Sie können auch gleich zu Beginn der Übung das Hörzeichen „Platz" verwenden, wenn der Hund es bereits beherrscht. Wurde ihm das Hörzeichen „Platz" allerdings zwanghaft vermittelt, benutzen Sie dieses Hörzeichen bei sensiblen Hunden nicht für den Verweisvorgang. Es setzt den Hund nur unnötig unter Druck. Lehren Sie ihn stattdessen ein neues, ihm noch unbekanntes Hörzeichen.
Wenn der Hund ausgelegte Gegenstände außerhalb der Fährte sicher verweist, können die ersten Gegenstände auf der Fährte ausgelegt werden. Helfen Sie auch hier Ihrem Hund zunächst mit Zeigegesten verbunden mit Futter in der Hand und Hörzeichen, wenn er trotz der Vorübungen nicht verweist. Es gibt wenige Hunde, die das Verweisen außerhalb der Fährte spontan auf die Situation auf der Fährte übertragen können.

LERNEN MITHILFE DES CLICKERTRAININGS

Für das Verweistraining ist die Anwendung eines Clickers besonders geeignet. Der Hundeführer und sein Hund sollten bereits Erfahrung im Clickertraining haben. Beim Clickern erhält der Hund zeitgenau ein Signal, das ihm zeigt, dass er sich richtig verhält. Der Click wurde zuvor durch klassische Konditionierung mit etwas Angenehmem (i. d. R. Futter) verbunden, und signalisiert dem Hund, dass das gezeigte Verhalten gewünscht ist. Der Click motiviert ihn, das gezeigte Verhalten weiterhin zu zeigen, denn es ist ein Versprechen auf eine Belohnung. Wenn Sie noch keine Erfahrungen mit dem Clickertraining haben, dieses jedoch anwenden möchten, können Sie sich darüber in der Fachliteratur informieren und es im Alltag üben.

Hand des Hundeführers mit Futter am Gegenstand

Ein Helfer hält die Leine, der Hundeführer ist neben dem Hund

Hand des Hundeführers mit Futter am Gegenstand

LERNEN MIT FREMDER HILFE

Ein Helfer führt den Hund beim Suchen an der Leine. Der Hundeführer geht neben oder seitlich hinter dem Hund. Kurz bevor der Hund mit seiner Nase am Gegenstand ist, tritt der Hundeführer neben seinen Hund, und bückt sich zum Gegenstand hinunter. Mit Futter in der Hand zeigt er auf den Gegenstand und veranlasst den Hund, die gewünschte Position einzunehmen. Dabei gibt er ein Hörzeichen, z. B. „Hinlegen“. Sobald der Hund die gewünschte Position eingenommen hat, gibt er dem Hund das Futter und lobt ihn. Der Gegenstand sollte direkt vor oder zwischen den Pfoten liegen.
Vorteil: Beim Verweisen ist der Hundeführer mit seiner Hand vor dem Hund, sodass der Hund sich nicht nach ihm umdreht. Das gewünschte Verhalten wird dem Hund durch den Hundeführer gezeigt. Der Bewegungsablauf des Hundes

Die rechte Hand bleibt vor dem Hund.

Hundeführer erhebt sich langsam, die Leine ist locker.

beim Verweisen muss immer der gleiche sein. Das ist durch die Hilfe des Hundeführers gewährleistet. Erst nach vielen Wiederholungen werden die Hilfen (Hörzeichen und Zeigegesten) abgebaut. Der Hundeführer zeigt z. B. nicht mehr auf den Gegenstand, gibt aber eventuell noch ein Hörzeichen. Wenn der Hund weiterhin ein schnelles Verweisen ohne zu zögern zeigt, kann auch das Hörzeichen abgebaut werden. Unterstützen Sie Ihren Hund beim geringsten Zögern durch ein klares Hörzeichen oder durch Zeigegesten.

VERHALTEN DES HUNDEFÜHRERS NACH DEM VERWEISEN

Im Folgenden wird das Verweisen durch Hinlegen beschrieben. Das Verhalten des Hundeführers beim Verweisen durch Hinsetzen oder Stehenbleiben geschieht entsprechend der anderen Verweisposition. Wir haben die Situation, dass der Hund gerade den Gegenstand verwiesen hat und der Hundeführer direkt neben ihm steht. Der Hundeführer lobt seinen Hund sofort, sobald er liegt, und gibt ihm Futter.

Verweist der Hund auch schon einen Gegenstand, wenn der Hundeführer sich einige Meter hinter ihm befindet, lässt der Hundeführer die Leine fallen und geht entweder rechts oder links neben seinen Hund. Er sollte nicht immer auf der gleichen Seite zu ihm gehen. Sonst besteht die Gefahr, dass sich viele Hunde beim Verweisen zu dieser Seite drehen, auf der sie den Hundeführer erwarten. Sobald der Hundeführer den Hund erreicht, gibt er ihm Futter auf dem Gegenstand als Belohnung. Dieses Futter sollte er bereits in der Hand haben. Nimmt er es erst neben dem Hund aus der Tasche, wird dieser möglicherweise unruhig und verändert seine Position.

Der Hundeführer nimmt den Gegenstand in die Hand und richtet sich langsam auf. Dabei hält er den Gegenstand hoch. Beim Aufrichten achtet er darauf, dass sein Hund ruhig liegen bleibt. Dies unterstützt er durch Zeigegesten und ein freundliches „Platz" oder „Bleib".

Danach verstaut er den Gegenstand in einer Tasche. Dann kann er den Hund als Belohnung streicheln oder ihm noch etwas

Futter geben. Dabei legt er, vom Hund unbemerkt, Futter in den nächsten Schuhabdruck. Sollte der Hund das Futter bemerken, darf er es nicht aufnehmen. Der Hundeführer nimmt die Leine in die Hand (sie muss locker bleiben), stellt sich neben seinen Hund und wartet 3 – 4 Sekunden. Er zeigt auf die Fährte (nur während des Lernprozesses) und gibt das Hörzeichen „Such". Wenn der Hund nicht aufsteht, kann er leicht an der Leine ziehen oder dem Hund noch einmal die Fährte zeigen. Daraufhin setzt der Hund die Suche mit tiefer Nase fort. Er wird durch das Futter motiviert, das im nächsten Schuhabdruck liegt. Der Hundeführer bleibt zunächst stehen und folgt nach ca. 2 m seinem Hund mit lockerer oder leicht gespannter Leine. Er kann auch zuerst den Hund streicheln, ihm Futter geben und dann den Gegenstand aufnehmen. Beobachten Sie Ihren Hund, bei welcher Reihenfolge er am ruhigsten in seiner Position verharrt.
Mit zunehmender Sicherheit des Hundes beim Verweisen sollte der Abstand Hund-Hundeführer kurz vor dem Gegenstand nach und nach vergrößert werden. Der Hund muss sich daran gewöhnen, dass es eine gewisse Zeit dauert, bis der Hundeführer ihn erreicht. Diese Wartezeit darf ihn nicht verunsichern.

IDEALES VERHALTEN DES HUNDES

- Nach der IGP müssen die Gegenstände „überzeugend" verwiesen werden. Der Begriff „überzeugend" kann unterschiedlich interpretiert werden. Meist wird darunter ein sofortiges und schnelles Verweisen beim Erreichen des Gegenstandes verstanden. Seit einiger Zeit kann man bei Prüfungen beobachten, dass der Hund den Gegenstand beim Verweisen starr fixiert. Dieses Verhalten wird den Hunden antrainiert. Es setzt den Hund jedoch unter eine dauerhafte Spannung. Dies ist eigentlich nicht wünschenswert.
- Das Verweisen muss gerade in Suchrichtung erfolgen. Leicht schräges Verweisen ist nicht fehlerhaft (Achtung: was schräg ist, ist von der Auslegung des Leistungsrichters abhängig).
- Der Gegenstand muss direkt vor oder zwischen den Vorderpfoten liegen.
- Der Hund muss ruhig in der Verweisposition verharren, bis er ein Hörzeichen zum Weitersuchen bekommt.

Sie sehen: Der Hund soll nicht nur den Gegenstand finden. Das Reglement schreibt

Zu großer Abstand zum Gegenstand

Gegenstand korrekt verwiesen.

genau vor, wie der Hund sich nach dem Finden verhalten soll. In einer Prüfung darf der Hundeführer seinem Hund beim Verweisen keinerlei Hilfe geben. Streicheln ist erlaubt. Beim Trainieren des Verweisens kommt es von Anfang an auf einen korrekten Ablauf des Verweisens an. Fehlerhafte Verhaltensweisen sind sehr schwer abzugewöhnen. Darum überlegen Sie genau, wie ein korrektes Verweisen aussieht und wie Sie es Ihrem Hund beibringen möchten.

UNERWÜNSCHTES VERHALTEN

— Gegenstand wird nicht verwiesen,

Der Hund verweist

— obwohl kein Gegenstand auf der Fährte liegt.
— den Gegenstand zu früh, d. h. der Gegenstand liegt deutlich von den Vorderpfoten entfernt.
— den Gegenstand schräg zur Suchrichtung.
— langsam, legt sich z. B. insgesamt langsam oder verzögert hin oder zuerst mit der Brust, danach erst mit dem hinteren Rücken

Gegenstand neben Hund, nicht korrekt

— Der Hund geht um den Gegenstand herum und sucht weiter
— Der Hund zögert kurz am Gegenstand, sucht aber darüber hinweg weiter

LERNFELDER FÜR DEN HUNDEFÜHRER

Der Hundeführer sollte die Lage des Gegenstandes genau kennen. Nur dann ist ein richtiges Timing für ihn möglich und er kann richtig und rechtzeitig reagieren. Liegt z. B. kein Gegenstand auf der Fährte, der Hund verweist jedoch trotzdem, sollte der Hundeführer seinen Hund zum Weitersuchen auffordern. Er darf nicht an die Seite des Hundes treten und erst dann bemerken, dass kein Gegenstand zwischen dessen Pfoten liegt.

Der Hundeführer sollte die Windrichtung im Blick haben. Der Geruch von Gegenständen wird bei günstigem Wind von manchen Hunden über relativ große Entfernungen wahrgenommen und sie neigen dazu, zu früh zu verweisen. Hier gilt es, angemessen zu reagieren und nicht von einem Verweisen ohne Gegenstand auszugehen.

Der Hundeführer muss es wahrnehmen, wenn sein Hund Unsicherheiten beim Verweisen zeigt. Er sollte ihm helfen und nicht davon ausgehen, dass der Hund den nächsten Gegenstand wieder korrekt verweisen wird. Bei den nächsten Gegenständen sollte er seinen Hund genau beobachten. Zögert er schon vor Erreichen des Gegenstandes, beginnt er diesen sogar zu meiden? Ist das Verhalten seines Hundes vom Material oder der Lage des Gegenstandes abhängig? Näheres zu den geeigneten Korrekturmaßnahmen finden Sie im entsprechenden Kapitel.

Hörzeichen sollten rechtzeitig gegeben werden. In dem Augenblick, in dem der Hund den Gegenstand wahrnimmt, sollte das Hörzeichen für die gewünschte Verweisposition erfolgen („Hinlegen", „Sitz", „Steh"). Gibt man das Hörzeichen häufig zu früh oder zu spät, wird der Hund das gewünschte schnelle Verweisverhalten vermutlich nicht zuverlässig lernen.
Es ist für viele Hundeführer eine Herausforderung, ihrem Hund beim Verweistraining die richtigen Hilfen zum richtigen Zeitpunkt zu geben. Nutzen Sie auch hier die Erfahrung eines kompetenten Trainers. Ein Hundeführer braucht möglicherweise viel Geduld, um seinem Hund das korrekte Verweisverhalten beizubringen.

Gehen Sie im Zweifelsfall nicht davon aus, dass Ihr Hund nicht verweisen möchte, sondern dass er nicht verstanden hat, was er tun soll. Geben Sie ihm die notwendigen Hilfen und lassen Sie ihn nicht verunsichert am Gegenstand stehen.

VON LEICHT ZU SCHWER

— Für die meisten Hunde ist ein Gegenstand, der im Schuhabdruck liegt, leichter zu finden als ein Gegenstand zwischen den Abdrücken, besonders in Gelände mit höherem Bewuchs.
— Längs zur Suchrichtung liegende Gegenstände sind meist schwerer wahrzunehmen als quer liegende.
— Hunde reagieren sehr unterschiedlich auf verschiedene Materialien. Manche Hunde verweisen alles problemlos, andere tun sich bei bestimmten Materialien schwerer als bei anderen, diese zu erkennen und zu verweisen. Grüne Gegenstände in grün bewachsenem Gelände werden von vielen Hunden zunächst nicht als Gegenstand wahrgenommen.
— Gegenstände, die nach anderen Personen riechen, sind eigentlich nicht schwieriger als die, die der Hundeführer immer benutzt. Sie sind nur ungewohnt. Wenn Sie eine längere Zeit nur Gegenstände verwenden, die nach Ihnen riechen, fördern Sie eventuell eine Fehlkonditionierung Ihres Hundes. Verwenden Sie auch regelmäßig Fremdgegenstände im Training. Bewahren Sie diese bis kurz vor dem Auslegen in einer Plastiktüte auf.
— Ein Hund darf Gegenstände, die im Gelände liegen, aber nicht vom Fährtenleger ausgelegt wurden, nicht verweisen. Trainieren Sie dies ebenfalls. Nutzen Sie Dinge, die bereits im Gelände liegen, und legen Sie die Trainingsfährte darüber.
— Für manche Hunde ist es besonders schwierig, bei Gegenwind korrekt zu verweisen. Viele Hunde verweisen, sobald sie den Geruch des Gegenstandes in die Nase bekommen. Sie verweisen daher im Gegenwind meist zu früh, außer der Hund hat schon verstanden, dass der Gegenstand zwischen den Vorderpfoten oder kurz davor liegen muss.
— Hat ein Hund Schwierigkeiten beim Absuchen der Fährte, neigt er eher dazu, einen Gegenstand zu überlaufen.

WISSENSWERTES

Bei Prüfungen ist es möglich, dass ein Fährtenleger bei einer Fährte in hohem Gras im Bereich des Gegenstandes das Gras auf einer kleinen Fläche niedertritt und den Gegenstand in die Mitte der Fläche legt. Er meint es gut, da der Hund den Gegenstand leichter finden kann. Viele Hunde sind durch diese Art des Legens irritiert und wissen nicht so recht, ob das ein Gegenstand ist, den sie verweisen sollen oder nicht. Es passt nicht in ihre bisherige Erfahrung, wie die Umgebung eines Gegenstandes (bei einer normalen Fährte) auszusehen hat. Trainieren Sie also auch diese Version.

ZUSAMMENFASSUNG

Das Verweistraining ist komplex und in seinem Ablauf fehleranfällig. Deshalb hier noch eine kurze Zusammenfassung:

— Sobald der Hund ein sicheres Suchverhalten zeigt, können Sie mit dem Verweistraining beginnen.
— Haben Sie sehr viel Geduld
— Belohnen Sie am Gegenstand mit besonders leckerem Futter
— Kleine Schritte beim Erlernen des Bewegungsablaufs
— Abwägen, wenn das Verweisverhalten nicht ganz korrekt ist, zwischen „Hauptsache Verweisen“ (keine Korrektur) und „ganz korrekt Verweisen“ (mit Korrekturmaßnahmen)
— Loben Sie so, dass der Hund ruhig bleibt.
— Lange Zeit Hilfen geben: Eventuell auf Gegenstand zeigen, sobald der Hund diesen erreicht hat, Blockieren der Leine wenn der Hund den Gegenstand erreicht hat (eventuell durch Helfer)
— Hörzeichen „Zeig“ (Hund berührt Gegenstand mit der Nase) außerhalb der Fährte trainieren, kann dann verwendet werden, wenn der Hund zu weit weg vom Gegenstand verweist
— Unterschiedliche Gegenstände trainieren
— Unterschiedliche Lagen des Gegenstandes zur Fährte trainieren
— Hundeführer stellt sich mal rechts, mal links neben den Hund
— Liegt der Gegenstand nicht zwischen den Pfoten oder direkt davor, legen Sie den Gegenstand nicht nachträglich in die korrekte Position zum Hund
— Konsequent dem Hund verbieten, den Gegenstand zu berühren (Achtung: Meideverhalten unbedingt vermeiden)
— Die Verweisart dem Hundetyp anpassen
— Clickertraining sehr hilfreich

Der Hundeführer hebt den Gegenstand hoch.

Der Hund sucht nach dem Verweisen intensiv weiter.

Sucharbeit kurz vor der Verleitung

Hund prüft die Verleitung, sollte dabei stehen bleiben

VERLEITUNG

KURZ GEFASST

Die Trainingsfährte (Originalfährte) wird gelegt. Nach mindestens 30 Minuten wird eine weitere Fährte (Verleitung) durch einen Helfer getreten, die die zuvor gelegte Trainingsfährte kreuzt. Beide Fährten können im Training auch vom Fährtenleger gelegt werden. Nach weiteren mindestens 30 Minuten sucht der Hund die Trainingsfährte. Er soll an der Kreuzung von Trainingsfährte und Verleitung der Trainingsfährte folgen.

Eine Verleitung ist eine getretene Fährte (Spur), die nach der später zu suchenden Trainingsfährte getreten wurde, und die diese mehrmals kreuzt. Dieser Verleitung darf der Hund nicht folgen. Eine Verleitung wird nur in den Prüfungsstufen IFH-1, IFH-2 und IGP-FH gelegt. Mit dem Verleittraining sollte erst begonnen werden, wenn der Hund ein sicheres Suchverhalten zeigt, Winkel sicher ausarbeitet und Gegenstände schnell und sicher verweist. Häufig verunsichert das Verleitungstraining den Hund zunächst.
Der zeitliche Abstand der Verleitung zur Originalfährte ist in der Prüfungsordnung festgelegt. Die Verleitung wird jeweils eine halbe Stunde vor dem Absuchen der Prüfungsfährte gelegt. Im Training sollten unterschiedliche Zeiten (länger oder auch kürzer) trainiert werden. Die meisten Hunde riechen auch diesen Unterschied.
Die Mindestabstände der Verleitung zu den Winkeln der Originalfährte ist in der Prüfungsordnung festgeschrieben. Auch hier gilt: Die Realität sieht häufig anders aus. Trainieren Sie alle denkbaren Varianten.
Eine Prüfungsverleitung muss einen Abstand zum Winkel von 40 Schritten haben. Sie darf nicht auf der ersten oder letzten Geraden liegen. Sie darf die Gerade nicht unter 60° schneiden. Und wenn der Verleitungsleger zur Verleitungskreuzung geht, muss er zur Originalfährte einen Abstand von mindestens 10 m haben. Auch hier gilt: Alle Möglichkeiten trainieren, auch Winkel unter 60°.

Hund sucht intensiv weiter

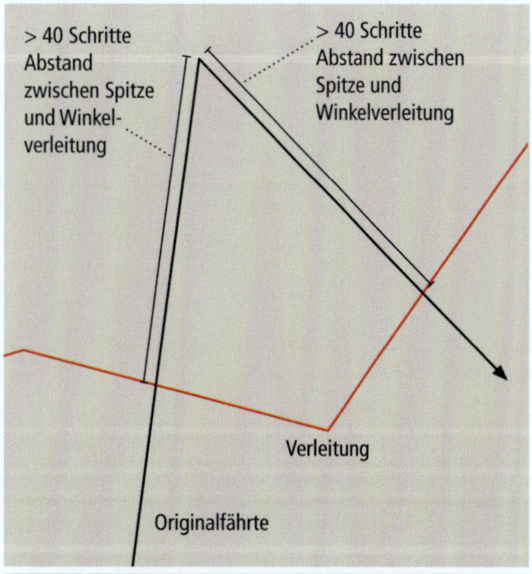

Vorgabe der IGP, wo und wie die Verleitung liegen soll.

WIE KANN DER HUND UNTERSCHEIDEN?

Die Verleitung und die Originalfährte werden zu unterschiedlichen Zeitpunkten getreten. Der Fährtengeruch entwickelt und verändert sich im Lauf der Zeit, sodass sich die Originalfährte von der Verleitung geruchlich unterscheidet. Zudem wird die Verleitung in der Prüfung von einer anderen Person gelegt als die Originalfährte.

Für unser Training wollen wir den Hund vorwiegend auf den unterschiedlichen Geruch der getretenen Fährten konditionieren. Daher kann im Training die Verleitung auch von derselben Person gelegt werden, wie die Originalfährte. Kommt dann noch ein Unterschied im Individualgeruch hinzu, haben die meisten Hunde keinerlei Probleme damit. Lassen Sie sich sicherheitshalber ab und zu eine Verleitung durch eine andere Person legen. Beobachten Sie Ihren Hund genau, ob er ein verändertes Verhalten zeigt.

ALLGEMEINES

Es ist unter Hundesportlern umstritten, ob der Hund das Ignorieren einer Verleitung direkt üben soll. Viele sind der Meinung: „Der Hund soll einfach auf der Fährte bleiben." Die Erfahrung zeigt aber immer wieder, dass ohne ein gezieltes Verleitungstraining die Wahrscheinlichkeit höher ist, dass ein Hund von der Originalfährte auf die Verleitung wechselt. Andererseits kann es sein, dass ein Hund durch ein Verleitungstraining mit der Nase häufiger geringfügig neben der Fährte sucht. Er wird durch das Verleitungstraining sensibler und darum manchmal etwas unruhiger im Suchverhalten. Dies ist bei Hunden, die die Fährtenarbeit als Teil der Vielseitigkeitsprüfung trainieren, nicht erwünscht. Bei diesen Prüfungsstufen werden keine Verleitungen gelegt und darum meist nicht trainiert. Manche Hundeführer sind der Meinung, dass, wenn ihr Hund die Verleitung nicht bemerkt bzw. nicht anzeigt, dies ein Hinweis darauf ist, dass sie das Ignorieren von

Verleitungen nicht trainieren müssen. Meist ist das ein Trugschluss. Je nach Windrichtung und Intensität der Verleitung wechselt ihr Hund doch einmal von der Originalfährte auf die Verleitung.
Bei Fährtenprüfungen auf regionaler Ebene (z. B. in Hundesportvereinen) werden die Verleitungen häufig so getreten, dass der Hund sie wahrscheinlich nicht wahrnehmen wird. Auf überregionalen Prüfungen sind die Verleitungen mehrheitlich richtige Verleitungen, die für den Hund manchmal deutlicher zu riechen sind als die Originalfährte. Die Gefahr, dass der Hund auf diese Verleitung wechselt, ist ohne ein erfolgreiches Verleitungstraining recht groß.

VORBEREITUNG

Die Originalfährte wird gelegt. Im Bereich der geplanten Verleitungen soll sie zunächst leicht zu suchen sein, damit der Hund sicher die Originalfährte absuchen kann. Der Fährtenleger steckt an der geplanten Verleitungsstelle einen Stab neben die Fährte, damit der Verleitungsleger (der Fährtenleger oder eine andere Person) später genau weiß, wo die Originalfährte ist. Nur dann kann die Verleitungskreuzung gezielt gestaltet werden. Nach einem angemessenen Zeitraum wird die Verleitung gelegt, sodass sie die Originalfährte mehrmals kreuzt.
Auf die geplante Kreuzungsstelle wird beim Legen der Originalfährte zunächst kein Futter gelegt. Erst wenn der Verleitungsleger die Verleitung über die Originalfährte legt, wirft er Futter in die Schritte der Originalfährte hinter der Kreuzung. Sobald der Hund nach der Verleitungskreuzung auf der richtigen Fährte weitersucht, wird er durch das ausgelegte Futter belohnt und gewinnt wieder Sicherheit beim Absuchen der weiteren Fährte.
Bei Gegenwind wird der Hund das Futter eventuell schon vor der Verleitungskreuzung riechen, dadurch etwas abgelenkt sein und bevorzugt geradeaus weitersuchen. Im günstigen Fall nimmt er die Verleitung trotzdem wahr. Beim Legen der Verleitung wird der Stab wieder mitgenommen.

DURCHFÜHRUNG

Der Hundeführer folgt seinem Hund im Trainingsabstand. Er muss genau wissen, wo die Verleitung die Originalspur kreuzt.

IDEALES VERHALTEN DES HUNDES

Der Hund darf Verleitungen anzeigen und prüfen, wenn er dabei mit seinem Körper die Fährte nicht verlässt.
In der Praxis bleibt der Hund eventuell stehen, prüft mit tiefer Nase kurz rechts und links die Verleitung, ohne die Originalspur zu verlassen, und sucht dann intensiv und mit tiefer Nase weiter.

LERNZIELE FÜR DEN HUND

Der Hund lernt, den Geruch der Originalfährte vom Geruch der Verleitung zu unterscheiden und dem Verlauf der Originalfährte zu folgen. Wenn er die Verleitung mit der Nase prüft, soll er stehen bleiben und die Fährte nicht verlassen.

UNERWÜNSCHTES VERHALTEN

Der Hund wechselt von der Originalfährte auf die Verleitung, er hebt den Kopf, er kreiselt an der Verleitungskreuzung.

LERNFELDER FÜR DEN HUNDEFÜHRER

Der Hundeführer lernt, die Probleme, die sein Hund im Lernprozess zur Unterscheidung von Originalfährte und Verleitung hat, zu erkennen. Er sollte einschätzen können, wann sein Hund Hilfe benötigt, um das gewünschte Verhalten zu zeigen und wann der Hund voraussichtlich selbstständig das Problem lösen kann.

Er sollte seinen Hund nicht mit gehobenem Kopf auf der Fährte stehen lassen, in der Hoffnung, dass er irgendwann das gewünschte Verhalten zeigt. Ein verunsicherter Hund ist schnell demotiviert.

Will der Hund auf der Verleitung weitersuchen, blockiert der Hundeführer die Leine und grenzt dadurch den Bewegungsspielraum des Hundes ein. Wenn notwendig, kann er dies durch ein „Nein" unterstützen und dem Hund die Originalfährte zeigen. Das Verleitungstraining stellt den Hund vor ein Problem, das er lösen muss. Jeder Hund hat ein anderes Problemlöseverhalten. Die einen werden hektisch, die anderen bleiben verunsichert stehen und suchen die Hilfe des Hundeführers. Beobachten Sie Ihren Hund, welches Verhalten er zeigt. Er soll ruhig auf der Fährte stehen bleiben, eventuell kurz (einen Schritt weit) mit der Nase die Verleitung verfolgen und dann auf die Originalfährte zurückkehren. Unterstützen Sie Ihren Hund in diesem Verhalten.

VON LEICHT ZU SCHWER

Für die Schwierigkeit einer Verleitung sind u. a. folgende Einflüsse maßgeblich:

— Die Lage der Schritte zueinander von Originalfährte und Verleitung. Liegen Schritte der Verleitung im engeren Bereich der Originalfährte, verleitet die andere Richtung dieser Schritte den Hund zur Annahme eines Winkels
— Der unterschiedliche Zersetzungsgrad von Originalfährte und Verleitung (starkes oder schwaches oder schleifendes Auftreten, unterschiedliche Zeitdauer des Zersetzungsprozesses)
— Die Windrichtung beim Absuchen der Fährte und die Windrichtung in Bezug auf die Verleitung
— Der Winkel, unter dem die Verleitung die Originalfährte schneidet

a) Lage der Schritte und Richtung

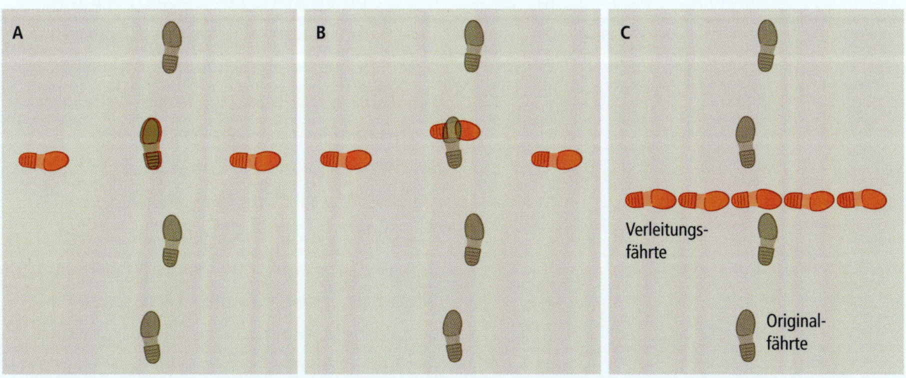

A: Schritt Originalfährte auf Schritt Verleitung, wird selten wahrgenommen. **B:** Schritt Verleitung kreuzt Schritt Originalfährte, wird selten wahrgenommen. **C:** mehrere Schritte der Verleitung im Bereich der Schritte der Originalfährte, wird häufig wahrgenommen.

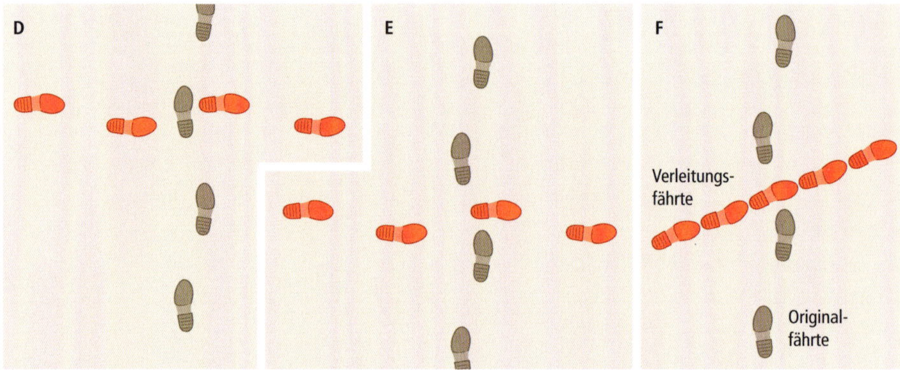

D und E: Schritt Originalfährte bildet mit Schritt Verleitung einen Winkel, aufmerksame Hunde bemerken wahrscheinlich diese Verleitung. **F:** mehrere Schritte der Verleitung im Bereich der Schritte der Originalfährte, schräger Verlauf der Verleitung in Beziehung auf die Originalfährte, wird häufiger wahrgenommen.

b) Einfluss des Windes

Zusätzlich zu den Einflüssen aus der Lage der Schritte zueinander, beeinflusst der Wind die Wahrnehmung der Verleitung durch den Hund (siehe Grafik).

Wind aus Richtung A: Geruch der Verleitung kommt von hinten links, der Hund wird nach links abbiegen (allerdings ist dies nicht sehr wahrscheinlich, da der Hund in einer Vorwärtsbewegung ist)

Wind aus Richtung B: Hund nimmt die Verleitung im Gegenwind schon frühzeitig wahr.

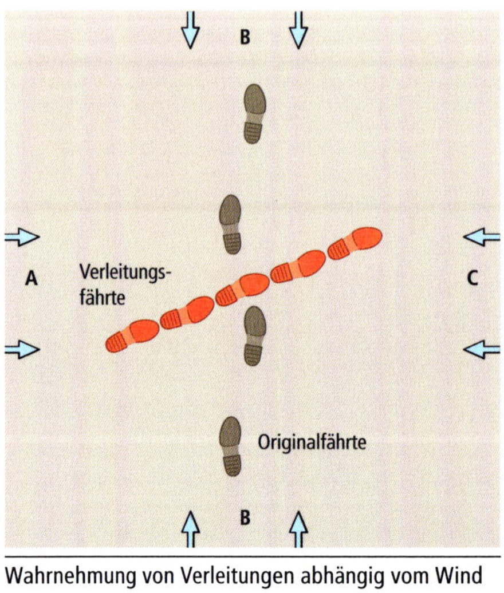

Wahrnehmung von Verleitungen abhängig vom Wind

Wind aus Richtung C: Hund wird nach rechts abbiegen, da der Hund den Geruch der Verleitung, die von rechts auf die Fährte zuführt, durch die günstige Windrichtung stärker wahrnimmt.

Wind aus Richtung D: Der Wind hat kaum Einfluss auf eine erhöhte Wahrnehmung der Verleitung durch den Hund, die Lage der Schritte ist hier hauptsächlich maßgebend.

c) Unterschiedlicher Zersetzungsgrad von Originalfährte und Verleitung

Besonders gefährlich sind die Verleitungen, die einen stärkeren Geruch aufweisen als die Originalfährte. Dieser Geruch kann durch eine intensivere Gangart oder kürzere Schritte entstanden sein. Oder die Originalfährte hat durch Umwelteinflüsse (starker Regen, hohe Temperaturen, Frost ...) kaum noch Geruch und die jüngere Fährte ist besser zu riechen. Beispielsweise wenn die Originalfährte auf gefrorenem Boden gelegt wurde und die Verleitung auf bereits getautem. Es ist für einen Hund, der Schwierigkeiten mit dem Suchen der Originalfährte hat, eine große Verlockung, auf die leichter zu suchende Verleitung zu wechseln. Gut sichtbare Verleitungen sind für viele Hunde eine große Versuchung.

WISSENSWERTES

Im Training kreuzen immer wieder auch alte Fährten die Originalfährte. Bedenken Sie, dass auch diese alten Fährten einen unerfahrenen Hund verunsichern können, oder dieser sogar auf diese Fährten überwechselt. Seien Sie darauf gefasst und korrigieren Sie rechtzeitig.
Hunde können durch ein Verleitungstraining im gesamten Suchverhalten verunsichert werden. Besonders im Bereich der Winkel zeigen sie zunächst kein sicheres Suchverhalten mehr. Legen Sie daher die Winkel der Originalfährte sehr sorgfältig und eventuell leichter, als es dem Ausbildungsstand des Hundes entspricht. Haben Sie Geduld und legen Sie zwischendurch immer wieder leichte Fährten ohne Verleitungen, bis sich das Suchverhalten stabilisiert hat.
Neben einer getretenen Verleitung können Wildfährten einen Hund dazu verleiten, die Fährte zu verlassen und der Wildspur zu folgen. Daher muss das Ignorieren von Wildfährten, so oft es geht, geübt werden.

FEHLVERKNÜPFUNGEN DES HUNDES BEIM VERLEITUNGSTRAINING

Der Hund lernt beim Verleitungstraining, welcher Fährte er folgen soll und welcher nicht. Er versucht dabei, zwischen Originalfährte und Verleitung zu unterscheiden. Er könnte, wie gewünscht, den veränderten Geruch der Verleitung im Vergleich zur Originalfährte als Unterscheidungsmerkmal nehmen. Es könnte aber auch sein, dass er zunächst andere Unterscheidungskriterien wählt. Dies können sein:

- die unterschiedliche Art (Schrittweite, Intensität der Bodenverletzung, ...), wie die Verleitung gelegt wurde
- der andere Individualgeruch, der die Verleitung begleitet, wenn die Verleitung durch einen anderen Menschen gelegt wurde als die Originalfährte
- Die Gestaltung der Kreuzung. An der Kreuzungsstelle ist rechts und links der Fährte ein Winkel.

Der Hund nimmt die Verleitung wahr und sucht sicher weiter.

Um Fehlverknüpfungen des Hundes auf die Spur zu kommen,

- legen Sie die Verleitung am Anfang immer selbst
- treten Sie die Verleitung immer wieder anders

Beobachten Sie Ihren Hund genau, welche Verleitungen er annimmt. Wie wurde die Verleitung gelegt, welcher zeitliche Unterschied ist zwischen Originalfährte und Verleitung, welche Windrichtung herrscht gerade, wer hat die Verleitung gelegt? Trainieren Sie gezielt diese Verleitungen.
Auch viele erfahrene Hunde, die es gelernt haben, eine Verleitung sicher nicht anzunehmen, benötigen immer wieder eine Auffrischung des Verleitungstrainings.
Beispiel: Felix, ein erfahrener Fährtenhund, ignoriert jede Verleitung. Er sucht zuverlässig die Originalfährte und wechselt nicht auf die Verleitung, selbst wenn diese deutlich sichtbar ist. Die Hundeführerin unterlässt daraufhin unbeabsichtigt ein gelegentliches Verleitungstraining. Ausgerechnet bei wichtigen überregionalen Prüfungen zeigen sich die Auswirkungen. Felix wechselt bei zwei Prüfungen in Folge auf die Verleitung. Die Folge: Abbruch der Prüfung, durchgefallen! Nach einem Jahr Verleitungstraining ignoriert er wieder zuverlässig die Verleitungen und bleibt auf der Originalfährte.

FALLBEISPIEL

Übungsanordnung für alle Windrichtungen
Wie erlebt der Hund die Fährte an den Punkten 1 bis 4?
Lösung: Punkt 1: Wind kommt von rechts, Verleitung, die nach rechts von der Originalfährte wegführt, wird eher wahrgenommen, als der Verleitungsabschnitt, der links von der Originalfährte verläuft.
Punkt 2: Wind kommt von vorne, Verleitung wird deutlich wahrgenommen, sowohl rechts als auch links der Originalfährte.
Punkt 3: Wind kommt von links, Verleitung links der Originalfährte wird deutlicher wahrgenommen als die Verleitung, die rechts von der Originalfährte liegt.
Punkt 4: Wind kommt von hinten, Verleitung wird kaum wahrgenommen. Die Legerichtung der Verleitung hat vermutlich kaum Auswirkungen auf deren Wahrnehmung. Der Einfluss des Windes auf die Wahrnehmung der Verleitung ist vermutlich wesentlich stärker als die Richtung der Verleitung. Also ob die Verleitung z. B. von Punkt 3 zu Punkt 4 führt oder von Punkt 4 zu Punkt 3.

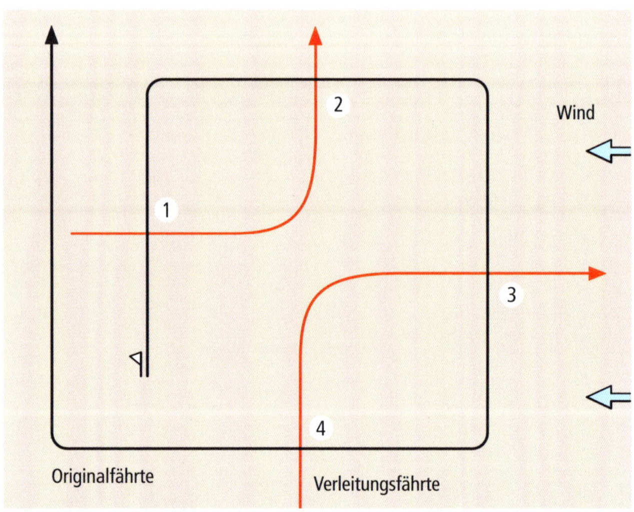

Beispiel für ein spezielles Verleitungstraining

WEGÜBERQUERUNGEN

Eine Fährte kann auch über einen Weg führen. Wie dies aussehen soll, ist nicht weiter in der Prüfungsordnung festgelegt. Meist verläuft die Fährte gerade über den Weg. Aber auch schräge Verläufe kommen vor. Der Weg kann beispielsweise geschottert, geteert oder bewachsen sein. Und wieder heißt es: Alle denkbaren Varianten sollten nach und nach trainiert werden. Der Hund sollte sich bemühen, auch im Bereich des Weges dem Verlauf der Fährte zu folgen, und nicht mit hoher Nase einfach auf die andere Seite des Weges zu gehen und erst dort die Sucharbeit fortzusetzen.

KURZ GEFASST
Der Hundeführer legt die Trainingsfährte, dabei führt eine Gerade über einen Weg. Dieser kann geteert oder bewachsen sein.

Die Fährte führt senkrecht auf die Wegüberquerung zu.

VORBEREITUNG UND DURCHFÜHRUNG

Sobald der Hund ein sicheres Suchverhalten im Bereich der Geraden und Winkel zeigt, kann eine Gerade auch über einen Weg führen. Dabei sollte die Fährte direkt vor dem Weg mit Futter bestückt sein, ebenso wie im direkten Bereich des Weges und ein kurzes Stück danach. Die Schrittfolge im Bereich des Weges sollte sehr einfach zu suchen sein, also Schritt hinter Schritt und keinen seitlichen Versatz. Das Futter motiviert den Hund, über den Weg zu gehen, aber trotzdem die Fährte zu suchen, da er dort das Futter findet. Der Hundeführer sollte immer bedenken, dass im Bereich eines Weges neben dem Wechsel des Untergrunds und damit des

Der Hund sucht mit tiefer Nase über den Weg.

Der Hund sucht in gleichmäßigem Tempo weiter.

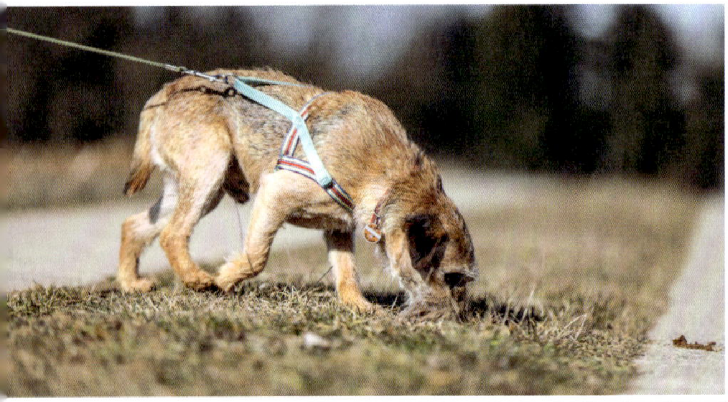

Intensive Suche bei einer Wegüberquerung

Bodengeruchs, auch viele Gerüche den Hund ablenken können, wie z. B. Kot und Urin anderer Hunde. Der Hundeführer folgt dem Hund kurz vor der Wegüberquerung in geringerem Abstand als beim sonstigen Training. Falls der Hund Unsicherheit zeigt, hilft der Hundeführer durch Zeigegesten o. Ä.

Kennt der Hund das Hörzeichen „Voraus“, kann man ihn über den Weg schicken. Allerdings lernt er dann nicht mit tiefer Nase dem Geruch der Fährte auch über den Weg hinweg zu folgen.

Beispiel: Ein Beaglerüde sucht die Fährte, die zum ersten Mal über einen Weg führt. Direkt am Wegesrand unterbricht er das Suchen, hebt das Bein, markiert und sucht weiter. Das Ganze geht so schnell, dass der Hundeführer nicht reagieren kann. Bei der nächsten Wegüberquerung ist er vorgewarnt. Er unterbindet das Markieren mit einem deutlichen „Nein“, „Such“.

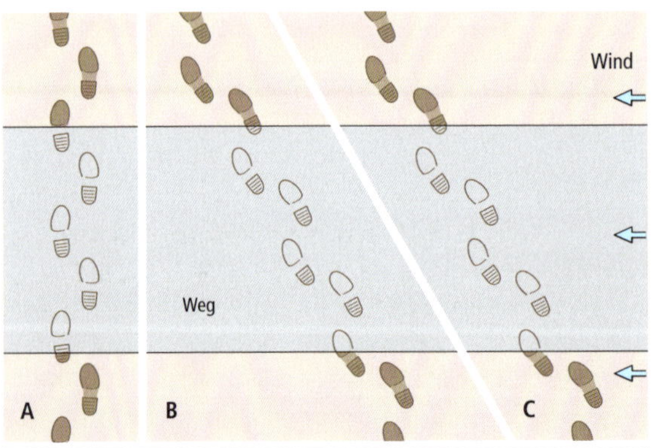

Unterschiedliche Fährtenverläufe über einen Weg.

IDEALES VERHALTEN DES HUNDES

Der Hund folgt mit tiefer Nase und gleichmäßigem Tempo dem Verlauf der Fährte über den Weg.

UNERWÜNSCHTES VERHALTEN

Der Hund hebt den Kopf und stellt das Suchen ein, er lässt sich von den Gerüchen am Weg ablenken (z. B. Markierungen anderer Hunde) und verlässt die Fährte, der Hund hebt den Kopf und geht, ohne zu suchen, auf die andere Seite des Weges, er wechselt nicht auf die andere Seite des Weges, versucht weiter, die Fährte zu finden.

VON LEICHT ZU SCHWER

Eine gerade Wegüberquerung A ist für den Hund meist leichter zu suchen als ein schräger Verlauf B der Fährte über den Weg. Starker Seitenwind C erhöht ebenfalls die Schwierigkeit einer Wegüberquerung.

Die Beschaffenheit des Wegrandes (z. B. Brennnesseln, Graben o. Ä.) kann die Schwierigkeit einer Wegüberquerung ebenfalls erhöhen.

Je weniger natürliche Bestandteile der Weg hat, die sich zersetzen können, desto schwerer wird es für den Hund, den Geruch der Fährte wahrzunehmen. Über eine große geteerte Straße hilft dem Hund bei der Suche nur noch der Abrieb des Schuhs oder die Erfahrung des Hundes.

Hier können viele Dinge geübt werden: Wegüberquerungen, Wildwechsel, unterschiedliches Gelände, ...

SCHWIERIGKEITSGRADE EINER FÄHRTE

Diese Checkliste soll Ihnen helfen, die Schwierigkeit einer Fährte in ihrer Gesamtheit und in bestimmten Bereichen einzuschätzen.

Beispiel: Ihr Hund sucht zuverlässig in weichem, feuchtem Boden die Geraden und auch Winkel. Sie wollen die Schwierigkeit erhöhen. Sie können nun entweder ein schwerer zu suchendes Gelände wählen oder die Schrittfolge schwerer machen (längere Schritte oder eine größere Schrittbreite), aber nicht alles auf einmal. Herrscht beim Legen Ihrer Trainingsfährte gerade ungewöhnlich starker Wind, dann belassen Sie die gewohnte Schrittweise und das gewohnte Gelände. Der Wind erhöht die Schwierigkeit der Fährte schon ausreichend. Zeigt Ihr Hund nicht das ideale Suchverhalten, sollten Sie die Gründe ermitteln. Auch dazu ist Ihnen diese Liste eine Hilfe.

Beispiel: Ihr Hund sucht einen Winkel nicht sicher. Er bleibt stehen und benötigt Ihre Hilfe. Der Winkel ist aber so gelegt wie die vorherigen, die er sicher gesucht hat. Anhand der Liste könnten Sie folgende Gründe für sein Verhalten vermuten: Der Wind kommt an diesem Winkel aus einer ungünstigen Richtung, der Winkel liegt in einem anderen Gelände, der Winkel liegt direkt auf einer Traktorspur ... Je nach Vermutung sollten Sie diese Situation verstärkt trainieren.

Auswahl der wichtigsten Einflussfaktoren auf die Schwierigkeit einer Fährte:

- Bodenbeschaffenheit des Geländes (weich, hart, lehmig, sandig, ...)
- Geländebewuchs
- Windstärke, Windrichtung
- Luft- und Bodenfeuchtigkeit (Regen, Trockenheit, Schauer)
- Temperatur (Hitze, Frost, milde Temperaturen)
- Umgebung des Fährtengeländes (Wald, Wild, Wege, Menschen, ...)
- Schrittintensität
- Schrittlänge
- Schrittbreite
- Schrittrichtung
- Richtung des Fährtenverlaufs in Bezug auf Geländestrukturen (Traktorspuren, Saatrillen, ...)
- Gestaltung der Winkel (Radius oder richtiger Winkel)
- Größe des Winkels (rechtwinklig, spitz, stumpf)
- Gestaltung des Bogens
- Material, Benutzungshäufigkeit (neu, oft benutzt), Tragedauer am Körper des Fährtenlegers, Fremdgegenstände
- Eigenfährte, Fremdfährte
- Lage der Gegenstände
- Gestaltung der Geländewechsel
- Gestaltung der Verleitung
- Länge der Fährte

Jeder dieser Faktoren hat Einfluss auf die Schwierigkeit einer Fährte. Sie beeinflussen sich auch gegenseitig. Starker Wind beeinflusst die Schwierigkeit u. a. einer Geraden und eines Winkels ebenso wie einer Wegüberquerung.
Und wie bereits mehrfach erläutert: Passen Sie die Trainingsfährte immer dem Ausbildungsstand Ihres Hundes an. Wenn Sie das Gelände beispielsweise als sehr schwer zu suchen einschätzen, und Ihr Hund noch nicht alle Schwierigkeitsgrade suchen kann, gestalten Sie Ihre Schrittlänge und Schrittbreite sowie die Intensität des Auftrittes so, dass Sie dem Hund helfen, die Fährte zu finden.
Wenn Sie die Schwierigkeit einzelner Faktoren einer Trainingsfährte steigern wollen, tun Sie dies im Mittelteil der Fährte. Der Hund kann dann den Anfangsteil der Fährte sicher absuchen, im Mittelteil wird er mit Schwierigkeiten konfrontiert und zum Schluss kann er wieder ein sicheres Suchen zeigen.

Was können Sie hier trainieren?

FALLBEISPIEL

Welche Schwierigkeiten können Sie in folgendem Gelände voraussichtlich besonders trainieren?
U. a. Fährte entlang, schräg und senkrecht zu den Bearbeitungsspuren, hoher und niedriger Bewuchs, Wiese und Acker, Geländewechsel, Wildspuren, Wechsel der Windeinwirkung (im Anschluss an Sträucher, Geländekante), leichter Abhang, Winkel in Traktorspur, Nähe zu Weg hinten entlang der Sträucher (eventuell Geruch von Hundekot und -urin, Ablenkung durch Spaziergänger)

KONDITION

Für die Sucharbeit benötigt ein Hund eine gute körperliche Fitness und eine ausgeprägte Konzentrationsfähigkeit. Beides muss trainiert werden. Rufen wir uns noch einmal in Erinnerung: Das intensive Riechen bei der Sucharbeit ist ein anderer Vorgang als das normale Atmen zur Sauerstoffversorgung des Organismus. Bei belastenden Umgebungsbedingungen (z. B. Hitze) tritt die Schnüffelatmung in Konkurrenz zur Atmung. Daher ist eine gute Grundkondition des Hundes wichtig. Diese bewirkt, dass er während einer körperlichen Belastung bei normalen Außentemperaturen nicht so schnell hechelt. Die Grundkondition des Hundes sollte außerhalb der Fährtenarbeit trainiert werden. Insbesondere ein Intervalltraining stärkt die allgemeine Herz- und Lungenfunktion. Ebenso sollte die Muskulatur, die durch Suchhaltung und Schnüffelatmung beansprucht wird, aufgebaut und die Konzentrationsfähigkeit trainiert werden.
Je nach individueller Veranlagung des Hundes kann mehrmals in der Woche trainiert werden (relativ kurze Einheiten) oder aber auch nur einmal die Woche. Beobachten Sie Ihren Hund genau, ob er erste Anzeichen von Lustlosigkeit zeigt (z. B. häufige hohe Nase, Stehenbleiben, Unwilligkeit beim Ansatz oder beim Verlassen des Autos vor dem Training). Oft hilft dann auch eine Trainingspause, um im Anschluss mit neuem Elan ins Training zu starten.
Passen Sie die Länge und den Schwierigkeitsgrad Ihrer Trainingsfährten Ihrem Hund an. Trainieren Sie häufig kürzere Trainingsfährten und selten sehr lange Fährten (> 1800 Schritte bei der Ausbildung für IGP-FH). Steigern Sie nicht gleichzeitig alle Schwierigkeitsfaktoren der Trainingsfährte. Wenn Sie beginnen, längere Fährten

Joggen oder radfahren dienen dem Konditionsaufbau.

zu trainieren, gestalten Sie diese zunächst leicht. Und wenn Sie schon beim Fährtelegen wissen, dass diese recht schwer zu suchen ist, sollte sie bei einem nicht voll ausgebildeten Hund kürzer ausfallen. Was zu lang ist, sehen Sie am Verhalten Ihres Hundes: Er hebt häufiger den Kopf, vielleicht ist die Nase nicht mehr so weit unten, die Körperspannung lässt nach und eventuell sinkt die Rute deutlich ab. Häufen sich die Fehler Ihres Hundes bei einer langen Fährte, beenden Sie diese vorzeitig mit einem positiven Erlebnis für Ihren Hund. Dazu eignet sich der nächste Gegenstand, den der Hund verweist. Hier wird er vom Hundeführer belohnt. Müssen Sie schnell die Fährte abbrechen, weil Ihr Hund erschöpft ist, werfen Sie, vom Hund möglichst unbemerkt, Futter auf die Fährte. Sobald er das Futter aufnimmt, beenden Sie die Fährte.
Wenn Sie Ihren Hund trotz starker Ermüdungserscheinungen weitersuchen lassen, wird er sich eventuell ein oberflächliches Suchverhalten angewöhnen und Sie müssten ihn während der Sucharbeit möglicherweise korrigieren. Das würde ihn neben seiner Erschöpfung auch noch demotivieren.

Der Hundeführer folgt dem Hund an einer 10m langen Leine.

KURZE LEINE – LANGE LEINE

Wenn Sie eine Leine bei der Fährtenarbeit verwenden (der Normalfall), passen Sie die Leinenlänge, und damit den Abstand zum Hund, dem Trainingsziel an.
Für das normale Training sind 2 – 3 m Abstand zum Hund sinnvoll. Sie müssen Ihren Hund jederzeit genau beobachten und gegebenenfalls korrigieren können, z. B. durch Blockieren der Leine. Zudem können Sie auch den Verlauf der Fährte besser erkennen. Sie sehen, ob Ihr Hund das gesamte Futter aufnimmt oder nicht. Erst wenn Ihr Hund zuverlässig und sicher sucht, können Sie die Leine in leichten Abschnitten der Fährte länger lassen, aber nur, wenn Sie auch aus 10 m Entfernung die Lage der Winkel, der Gegenstände und der Geraden sicher kennen.
Die Prüfungsordnung schreibt einen 10-m-Abstand zum Hund vor. Diesen Abstand sollten Sie trainieren. Viele Hunde sind durch den größeren Abstand zunächst verunsichert, besonders an den Winkeln. Vergrößern Sie daher den Abstand zum Hund erst, wenn er die Fährte sicher sucht.

DURCHHÄNGEND ODER STRAFF

Ob Ihr Hund an einer durchhängenden oder straffen Leine suchen soll, hängt von Ihrem Hund und Ihnen ab. Hat Ihr Hund ein zu schnelles Suchtempo? Braucht er die Sicherheit, die ihm eine straffe Leine durch die Verbindung zu Ihnen gibt? Je nach Hunderasse, Hundepersönlichkeit und notwendigen Korrekturmaßnahmen kann eine straffe oder durchhängende Leine sinnvoll sein. Impulsive Jagdhunde wird

Intensive Sucharbeit, auch an der 10m-Leine

Geeignete Leinenführung, damit die Leine nicht durchrutscht.

man nur schwer zu einem sehr ruhigen Suchen an einer durchhängenden Leine erziehen können, ohne ihnen die Freude an der Fährtenarbeit zu nehmen.

DAS HANDLING IN WINKELN

An 90°-Winkeln kann der Hundeführer einen Bogen laufen, damit die Leine gestrafft bleibt und/oder sich nicht an Unebenheiten oder Pflanzen im Gelände verhakt und den Hund blockiert.
An spitzen Winkeln ist keine straffe Leinenführung möglich. Manche Hunde beschleunigen dann nach dem Winkel. Dieses Verhalten sollte von Anfang an durch eine geeignete Gestaltung der Fährte verhindert werden. Dadurch, dass die Leine in diesem Bereich am Boden schleift, kann sie sich im Gelände verhaken. Die Leine blockiert dann kurz und der Hund muss sie frei bekommen. An dieses unbeabsichtigte Ruckeln der Leine muss er sich eventuell gewöhnen.
Es kommt auch immer wieder vor, dass der Hund auf der Fährte kreist und sich dadurch die Leine z. B. um ein Bein wickelt. Greifen Sie zunächst nicht ein. Der Hund sollte sich selbst befreien können. Wenn er dies nicht schafft, helfen Sie ihm (bei einer Prüfung nur mit vorheriger Erlaubnis des Leistungsrichters).
Viele Hundeführer neigen dazu, im Lauf der Fährtenarbeit die Leine durch die Hand rutschen zu lassen und dadurch den Abstand zum Hund unmerklich zu vergrößern. Dadurch werden Korrekturen schwieriger. Halten Sie die Leine fest in der Hand.

PROBLEMLÖSEVERHALTEN

Probleme lösen will gelernt sein. Und Probleme tauchen im Fährtentraining immer wieder auf, sowohl für den Hund als auch für den Hundeführer.

Dabei sind Probleme meist Hinweise auf Ausbildungsfehler oder -defizite.

Gehen wir entsprechend damit um und geben nicht unserem Hund die Schuld dafür. Wir als Hundeführer sind dafür verantwortlich, unserem Hund das Suchen einer Fährte seinen Fähigkeiten entsprechend zu vermitteln. Der Hund muss auch lernen, mit auftretenden Problemen umzugehen. Er soll sie zwar selbstständig lösen, aber innerhalb des Rahmens, den das korrekte Suchverhalten vorgibt.

Das, was der Hundeführer als ein Problem ansieht, bedeutet für die meisten Hunde Stress, der manchmal nur durch die Reaktion des Hundeführers hervorgerufen wird. Es kommt auf den Hund an, wie stark er diesen Stress wahrnimmt und darauf reagiert. Im Fährtentraining können u. a. folgende Situationen für den Hund problematisch sein: Er findet die Fährte nicht mehr, er verhakt sich in der Leine, er ist in einem inneren Konflikt zwischen dem, was er tun soll, und dem, was er gerade tun möchte. Riecht ein Fährtenhund (z. B. ein Terrier) beispielsweise im Gegenwind Wild, möchte er lieber dem Wildgeruch folgen. Er weiß aber, dass er die Trittfährte suchen soll. Dieser Konflikt versetzt den Hund in Stress.

IDEALES PROBLEMLÖSEVERHALTEN

Taucht ein Problem beim Suchen der Fährte auf, sollte der Hund auf der Fährte bleiben und erst weitergehen, wenn er den Verlauf der Fährte findet. Er kann mit der Nase rechts und links der Fährte den weiteren Verlauf überprüfen, er sollte aber mit dem Körper die Fährte nicht verlassen. Beim Erlernen eines Problemlöseverhaltens ist das Fingerspitzengefühl des Hundeführers gefragt.

Manche Hunde werden bei auftauchenden Problemen hektisch und beginnen, umherzurennen und herumzuhüpfen. Manche nehmen den Kopf hoch und wittern in den Wind. Andere suchen Hilfe beim Hundeführer, drehen sich nach ihm um und suchen den Augenkontakt. Manche verhalten sich so, als ob sie kein Problem haben und laufen einfach weiter.

Auch hier gilt: Das Training muss Ihrem Hund entsprechen. Ein unselbstständiger Hund sollte ermutigt werden, selbst eine Lösung zu finden, anfangs mithilfe des Hundeführers. Unterstützen Sie Ihren Hund durch Zeigegesten, Loben o. Ä. Lassen Sie Ihren Hund nicht einfach hilflos stehen. Wenn Ihr Hund eher unkontrolliert versucht, durch hektische Bewegungen die Fährte zu finden, grenzen Sie seinen Bewegungsspielraum durch die Leine ein und versuchen Sie, ihn zu beruhigen (z. B. mit einer ruhigen Stimme).

Welches Problemlöseverhalten für Ihren Hund zu erreichen ist, hängt u. a. von seinem Temperament und seiner Persönlichkeit ab. Für manche Hunde ist es schon schwierig, bei Problemen nicht in eine Hypererregung zu verfallen. Hier ist es schon ein großer Ausbildungserfolg, wenn der Hund bei Problemen langsam mit tiefer Nase umherläuft und versucht, das Problem zu lösen.

Jeder Hund hat seine eigene Strategie, um Probleme zu lösen. Daher finden Sie im Folgenden Korrekturvorschläge für die unterschiedlichsten Verhaltensweisen.

☞ PROBLEMLÖSEVERHALTEN

Typisches Problemlöseverhalten	Sinnvolle Korrekturen
Hund bleibt stehen, hebt den Kopf und steht unschlüssig da	Hörzeichen „Such" (wenn bereits konditioniert), eventuell mit Zeigegeste helfen
Hund bleibt stehen und dreht sich nach dem Hundeführer um	Aufmunterung (durch motivierende Stimme), Hörzeichen „Such", eventuell helfen, manchmal ist es sinnvoll, zunächst zu warten
Hund beginnt, langsam mit tiefer Nase suchend umherzulaufen	Hund arbeiten lassen, nicht eingreifen, eventuell Radius einschränken, indem man die Leine blockiert
Hund legt sich hin	Hund durch Zeigegesten unterstützen, auf Angst- oder Beschwichtigungssignale achten, angstfreie Ausbildung!!
Hund bleibt stehen und versucht, durch Bewegungen des Kopfes mit tiefer Nase das Problem zu lösen	Loben
Übersprungshandlungen (Fressen von Gras oder Hasenkötteln)	Hörzeichen „Such", freundliche Stimme, keinen weiteren Stress aufbauen
Hund stellt die Sucharbeit ein	Motivieren
Hund läuft hektisch suchend umher	Beruhigen, mit Zeigegesten helfen, Bewegungsradius einschränken durch Verkürzen und Blockieren der Leine, Training zur Impulskontrolle
Hund versucht Problem zu lösen, stellt dann aber die Suche ein	Hund ermutigen, eventuell helfen, nicht unsicher stehen lassen
Knurren, Meideverhalten, Beschwichtigungszeichen, „Einfrieren der Bewegung": Verhaltensweisen eines Hundes, der ein Problem oder die Reaktion des Hundeführers auf eine Situation als Bedrohung wahrnimmt. Diese Verhaltensweisen sind auch als Fight, Flight, Flirt, Freeze in der Fachliteratur bekannt	Art der Ausbildung überdenken, der Hund sollte keine Phase der Fährtenausbildung als Bedrohung wahrnehmen

DIE TRAININGS-FÄHRTE LEGEN

— gewusst, wie und wo

DEN VERLAUF DER FÄHRTE KENNEN

Die meisten Ausbildungsfehler entstehen dadurch, dass der Ausbilder den exakten Fährtenverlauf nicht kennt. Wenn der Hundeführer nicht weiß, wo die Fährte genau liegt, weiß er nicht, ob sein Hund exakt auf dieser ist. Dadurch kann er ihn, wenn notwendig, nicht korrigieren und den Ausbildungsstand seines Hundes erkennen. Wenn ein Hund beispielsweise bei einer Prüfung die meisten Winkel überläuft, anschließend hin und her sucht, und nach einiger Zeit den Verlauf der nächsten Geraden findet und weitersucht, kann der Fehler an einer ungenauen Ausbildung liegen. Dieses Verhalten kann entstehen, wenn der Hundeführer im Training nicht erkennt, warum sein Hund beispielsweise mit der Schwierigkeit eines Winkels überfordert ist. Weil er die genaue Lage des Winkels nicht kennt, kann er nicht analysieren, weshalb sein Hund den Winkel nicht exakt sucht. Natürlich gibt es noch andere Gründe für das geschilderte Verhalten des Hundes, aber das häufigste Problem liegt beim Hundeführer, der nicht genau weiß, wo die Fährte ist. Und genau bedeutet +/– eine Handbreit.

Als Hundeführer sollten Sie beim Absuchen der Fährte Folgendes genau kennen:

— den Beginn der Fährte (gekennzeichnet durch das Fährtenschild),
— den Verlauf der Geraden,
— die Lage der Winkel,
— den Verlauf des Halbkreises,
— die Lage der Gegenstände und
— wo Sie in Teilbereichen der Fährte gezielt die Schrittweite, Schrittbreite oder Schrittlänge geändert haben

Ein Gegenstand wird auf die Trainingsfährte auf einen Saatacker gelegt.

NATÜRLICHE ORIENTIERUNGS-MÖGLICHKEITEN

Um sich diese Punkte merken zu können, hilft es, wenn Sie sich an auffälligen Punkten im Gelände orientieren. Manche Punkte sind als Orientierungshilfen besser geeignet, manche weniger. Die Tabelle gibt Ihnen eine Übersicht über die Anwendung unterschiedlicher Orientierungspunkte.

Beachten Sie Folgendes: Beim Absuchen der Fährte befindet sich der Hundeführer 2–10 m hinter dem Hund. Auch aus dieser Perspektive heraus sollte er den Verlauf der Fährte genau kennen. Nicht alle Orientierungspunkte, die der Hundeführer beim Legen der Fährte wahrnimmt, sind auch aus 2–10 m Abstand zu erkennen.

Wiederfinden von ...	Orientierung durch ...
Anfang der Fährte	Fährtenschild
Richtung einer Geraden	— auffällige Punkte in der ferneren Umgebung (Windräder, Kirchturm, Kreuzung, Pfosten, ...) — auffällige Punkte im Gelände (Grasbüschel, Blumen, Bewuchsänderung, Traktorspuren, Steine, ...)
Lage des Winkels, der Gegenstände, des Halbkreises	— auffällige Punkte in der Nähe der Fährte (Grasbüschel, Blumen, Bewuchsänderung, Traktorspuren, Steine, Geländewechsel, ...) — Schritte zählen bis zum Winkel, Gegenstand, ... Das ist manchmal das einzige Mittel, um sich die Lage eines Winkels oder Gegenstandes merken zu können — **ungeeignet für eine genaue Orientierung:** die gedachte Verlängerung von entfernter gelegenen Orientierungspunkten, dies ist zu ungenau

EINSATZ VON HILFSMITTELN

Man benötigt viel Übung und Erfahrung, um die gelegte Fährte wiederzufinden. Es gibt Hilfsmittel, die dem Hundeführer am Anfang Sicherheit geben und eine gute Ausbildung des Hundes ermöglichen. Setzen Sie diese aber nur ein, wenn Ihnen die Orientierung im Gelände schwerfällt. Denn jedes Hilfsmittel nimmt Ihnen die Gelegenheit, sich im Orientieren zu üben, da die Aufmerksamkeit dann mehr auf die Hilfsmittel und nicht mehr auf das Erinnern der Orientierungspunkte im Gelände gerichtet ist.

☞ UNTERSCHIEDLICHE HILFSMITTEL UND IHRE VOR- UND NACHTEILE

Hilfsmittel	Geeignet für	Nachteile
Fährtenkreide zum Sprühen	— Markierung der ungefähren Richtung und Lage von Gegenständen und Winkeln möglich	— Soll eigentlich nicht riechen, manche Hunde nehmen sie trotzdem wahr — Markierung nur in einem kleinem Umkreis sichtbar
Tracking-App	— Ermöglicht einen guten Überblick über den Verlauf der Fährte — Zur späteren Dokumentation des Fährtenverlaufs geeignet	— Lenkt die Aufmerksamkeit des Hundeführers sehr stark vom Hund ab — Genaues Beobachten des Hundes kaum möglich — Zeigt den Verlauf der Fährte nur sehr ungenau an
Holzstäbe	— Genaue Kennzeichnung von Winkeln und Gegenständen möglich	— Werden vom Hund meist wahrgenommen und die Gefahr einer Fehlkonditionierung ist sehr groß. Beobachten Sie, ob Ihr Hund die Stäbe wahrnimmt — Verletzungsgefahr — Entfernen Sie ALLE Stäbe nach dem Training aus dem Gelände
Extra beim Legen der Fährte mitgenommene Blätter, Maisstengel, Steine, ...	— Genaue Kennzeichnung von Winkeln und Gegenständen möglich	— Werden vom Hund häufig wahrgenommen und die Gefahr einer Fehlkonditionierung ist sehr groß
Alu-/Metallstäbe NIE UNBEAUFSICHTIGT IM GELÄNDE LASSEN Schnell ist ein Traktorreifen kaputt!!	— Genaue Kennzeichnung von Winkeln und Gegenständen möglich	— Werden vom Hund weniger wahrgenommen als Holzstäbe und die Gefahr einer Fehlkonditionierung ist nicht ganz so groß. Beobachten Sie, ob Ihr Hund die Stäbe wahrnimmt — Verletzungsgefahr — ALLE STÄBE UNBEDINGT ENTFERNEN

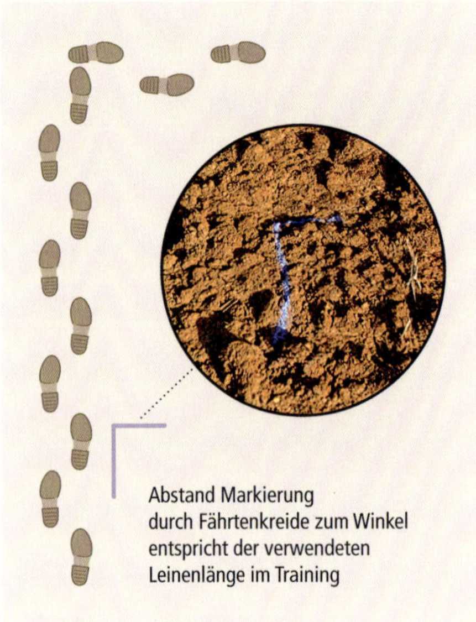

Markierung durch Fährtenkreide

VERWENDUNG VON FÄHRTENKREIDE

Fährtenkreide wird auf den Boden gesprüht. Meist sieht man sie ab ca. 3 m nicht mehr. Deshalb sollten Sie beispielsweise beim Markieren eines Winkels die Stelle an der Fährte markieren, an der Sie beim Absuchen als Hundeführer stehen werden, wenn Ihr Hund am Winkel sein wird. Wenn Ihr Trainingsabstand zum Hund ca. 2 m beträgt, sollten Sie die Hilfsmarkierung 2 m vor dem Winkel anbringen.

VERWENDUNG VON STÄBEN

Viele Hunde bemerken die Stäbe, auch wenn sie sich nicht direkt an der Fährte befinden. Sie sind nur in Ausnahmefällen sinnvoll. Wenn ein Hundeführer sich den Verlauf einer Fährte überhaupt nicht merken kann, auch nicht nach einigen Monaten Übung, können Markierungsstäbe eine Hilfe sein. Sie sollten so weit wie möglich seitlich der Fährte gesteckt werden. Lassen Sie Metallstäbe NIE unbeaufsichtigt im Gelände.

VERWENDUNG VON NATURGEGENSTÄNDEN

Wenn Sie Steine, Äste oder Ähnliches als Markierungspunkte auslegen, müssen Sie damit rechnen, dass Ihr Hund die Orientierungspunkte ebenfalls wahrnimmt und in Verbindung mit dem Winkel o. Ä. bringt. Variieren Sie daher die Lage Ihrer Orientierungspunkte. Wenn Sie einen Winkel immer direkt an einem Grasbüschel oder einem Stein legen, wird ein aufmerksamer Hund möglicherweise Grasbüschel generell mit Winkeln in Verbindung bringen und zukünftig an allen Grasbüscheln nach Winkeln suchen. Als Orientierung kann auch „1m vor dem Grasbüschel" oder „0,5 m nach dem großen Stein" dienen. Oder Sie legen z. B. ab und zu einen Stein neben die Fährte, der keinerlei Bedeutung für den Verlauf der Fährte hat.

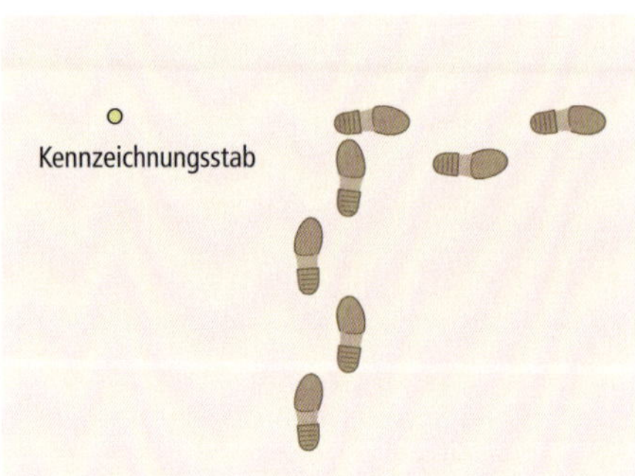

Winkel nach rechts, Stab steht weit links

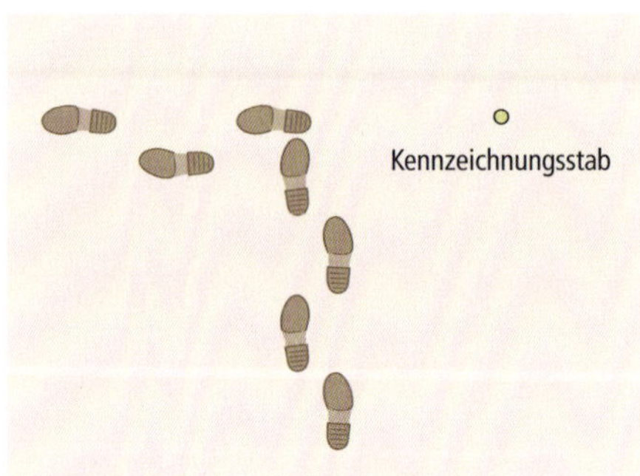

Winkel nach links, Stab steht weit rechts

Orientierungspunkte im Gelände, die dem Hundeführer helfen, den Verlauf der Fährte genau zu kennen, sollte der Hund nicht in Verbindung mit der Fährte bringen können.

Verändern Sie Ihre Orientierungspunkte nicht, während Sie die Fährte legen. Merken Sie sich den ersten Punkt, den Sie als Hilfsmittel zur Orientierung für die Lage eines Winkels o. Ä. wählen, auch dann, wenn Sie kurz danach einen noch besser geeigneten Orientierungspunkt bemerken. Sie werden sich beim Absuchen der Fährte mit Ihrem Hund meist spontan nur an Ihren ersten Orientierungspunkt erinnern.

FÄHRTENTAGEBUCH

Bei einer langen Fährte müssen Sie sich sehr viele Orientierungspunkte merken. Für viele Hundeführer ist es hilfreich, sich den Verlauf der Fährte und die Orientierungspunkte aufzuschreiben (Fährtentagebuch, Fährtenskizze).
Notieren Sie auch Tageszeit, Windrichtung, beobachtete Schwierigkeiten und geplante Konsequenzen für die nächste Trainingsfährte.
Wenn Sie Ihre Fährten skizzieren und aufschreiben, erkennen Sie auch leichter, welche unbewussten Regelmäßigkeiten Sie beim Legen haben. Legen Sie die Fährte mehrheitlich mit dem ersten Winkel nach rechts oder nach links? Wo liegen die Gegenstände? Alle Regelmäßigkeiten beim Fährtenlegen können zu Fehlkonditionierungen beim Hund führen. Liegt im Training z. B. auf der ersten Gerade immer ein Gegenstand, kann ein Hund beim Ausbleiben dieses Gegenstandes beim ersten Winkel verunsichert sein.

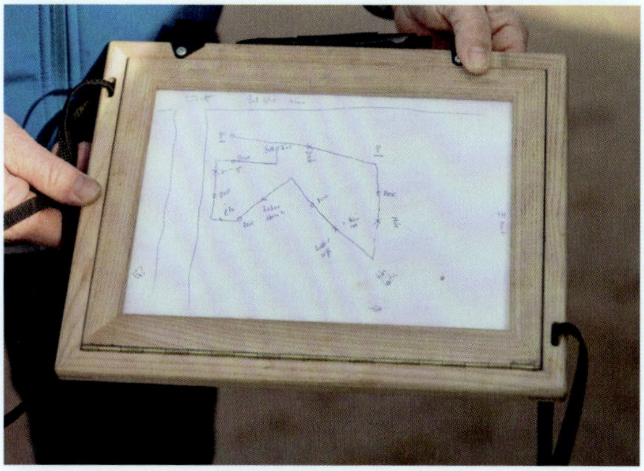

Fährtenskizze: So finden Sie Ihre Fährte leichter.

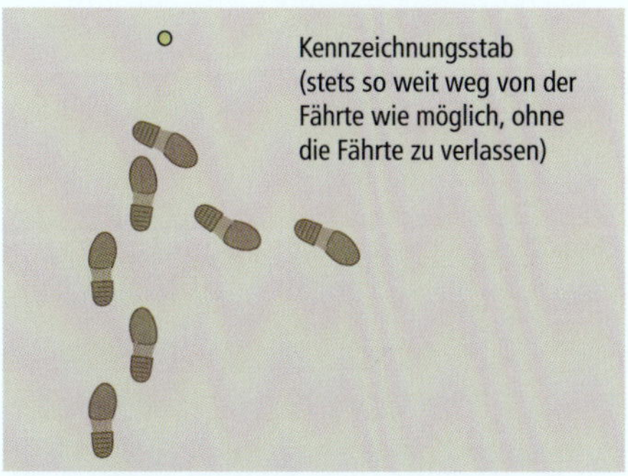

Spitzer Winkel, Stab im Abstand geradeaus

FÄHRTENSKIZZE

Zeichnen Sie Ihre Fährte mit allen Orientierungspunkten auf. Geben Sie diese Skizze einer Person (Helfer), die Sie beim Absuchen der Fährte begleitet. Während Ihr Hund die Fährte sucht, liest der Helfer Ihnen im Voraus die Orientierungspunkte vor. Können Sie und der Helfer anhand der Skizze den Verlauf der Fährte genau vorhersehen? Wenn nicht, ändern Sie die Art Ihrer Orientierungspunkte.
Alternativ können Sie auch eine Fährte legen und dann diese Fährte ohne Hund noch einmal abgehen. Können Sie den Verlauf der Fährte mithilfe Ihrer Notizen genau wiederfinden? Diese Fährte ist dann natürlich nicht mehr zum Fährtentraining geeignet.

CHECKLISTE TRAININGSFÄHRTE

Überlegungen zu Beginn des Fährtenlegens

— Welches Gelände steht zur Verfügung? Ist eine Fährte dort voraussichtlich schwer zu suchen (trocken, Bewuchs, lehmig-hart, sandig-feinkrümelig)?
— Verhalten des Hundes auf der letzten Trainingsfährte, und welche Konsequenzen ergeben sich dadurch für die geplante Trainingsfährte?
— Was kann der Hund schon? Kann er das gewünschte Verhalten wiederholt und sicher zeigen? Was soll der Hund durch die Fährte lernen? Beispielsweise sicheres Suchen, Konditionsaufbau, Steigerung der Konzentrationsfähigkeit, Steigerung der Schwierigkeit in Teilbereichen, z. B. Winkel, Schrittfolge, ...
— Welches Gelände brauchen Sie, damit Ihr Hund die Lernziele erreichen kann? Soll er z. B. mehr Erfahrung in ihm bereits bekanntem Gelände sammeln oder neues Gelände kennenlernen?
— Gibt es im Gelände voraussichtlich genügend Orientierungspunkte, benötige ich Hilfsmittel zum späteren Wiederfinden der Fährte?
— Wie stark ist der Wind und woher kommt er? Soll z. B. die erste Gerade im Rückenwind, Seitenwind oder Gegenwind sein (je nach Ausbildungsstand und Trainingsziel)? Leider ändern sich die Windverhältnisse oft.
— Welche Ablenkungen wird es voraussichtlich geben (Nähe zum Wald mit Wildspuren und Wildgeruch, Weg mit Personen und Hunden, Kühe, Windräder, Stromleitungen, ...)?
— Ist Ihr Hund ausgeruht und gesund?
— Wie viel Zeit haben Sie zur Verfügung? Wie gestalten Sie die Zeit zwischen Legen und Suchen der Fährte?
— Haben Sie geeignetes Futter und Gegenstände beim Legen der Fährte dabei?
— Der Verlauf der letzten Trainingsfährten (u. a.: Ging der erste Winkel nach rechts oder links, war die erste Gerade sehr lang oder eher kurz, ...). Vermeiden Sie immer gleiche Verläufe von Trainingsfährten.
— ...

AUFBAU DER FÄHRTE

Die Trainingsfährte sollte dem Ausbildungsstand des Hundes angepasst sein. Und noch einmal, da dies oft nicht berücksichtigt wird: Das erste Drittel einer Trainingsfährte sollte für den Hund einfach sein, damit er die Fährte ohne Probleme aufnehmen und ein intensives Suchverhalten zeigen kann. Falls Sie die Schwierigkeit der Fährte steigern wollen, tun Sie das im zweiten Drittel der Fährte. Das letzte Drittel der Fährte sollte für den Hund wieder problemlos zu bewältigen sein.

Fährtenlegen ist eine Herausforderung an die Kondition, das Erinnerungsvermögen und den Gleichgewichtssinn.

Erinnern Sie sich: Eines der wichtigsten Ausbildungsziele ist ein sicheres, freudiges und motiviertes Suchverhalten. Dies sollten Sie Ihrem Hund zumindest am Anfang und am Ende der Fährte ermöglichen. Ausnahmen gibt es natürlich auch hier. Wenn ein Hund beispielsweise den Ansatz nur oberflächlich sucht, können Sie diesen schwieriger gestalten. Führen Sie den Hund beispielsweise von der Seite an den Ansatz. Dadurch ist er gezwungen, konzentrierter und intensiver den Verlauf der Fährte zu suchen. Sie können selbstverständlich auch bei einem erfahrenen Hund ab und zu einen schwer zu suchenden Ansatz legen.
Nach diesen Vorüberlegungen legen Sie die Trainingsfährte und prägen Sie sich deren Verlauf gut ein.

Die Qualität der Trainingsfährte (dem Ausbildungsstand des Hundes angemessen und für den Hundeführer sicher wiederzufinden) entscheidet zu einem großen Teil über den Lernerfolg Ihres Hundes.

FÄHRTE LEGEN DURCH EINE ANDERE PERSON

Wenn Sie sich eine Trainingsfährte durch einen anderen Hundeführer legen lassen, sollte dieser alle genannten Punkte auch beachten. Eine Fährte zu legen, ohne den Ausbildungsstand des Hundes zu kennen und ein genaues Trainingsziel, kann nur zur groben Überprüfung des Ausbildungsstandes verhelfen und dann auch nur, wenn der Fährtenleger dem Hundeführer genau sagen kann, ob der Hund sich exakt auf der Fährte befindet. Wenn er dies nicht kann, legen Sie die Trainingsfährte selbst. Doch wenn Sie einen erfahrenen Fährtenleger kennen, lassen sie sich ab und zu eine Trainingsfährte legen. Manche Hunde reagieren bei einer Fremdfährte zunächst verunsichert.
Und wenn Sie die Fährte legen, nutzen Sie Dinge, die Sie darauf überraschenderweise sehen: Wildschweinkuhlen, Hasenköttel, weggeworfene Gegenstände u. v. m. Legen Sie die Fährte direkt darüber oder in kurzem Abstand dazu, damit Ihr Hund lernt, diese Dinge zu ignorieren.

Zufrieden nach der Fährte: Dieser Hund hat offensichtlich mit tiefer Nase im Acker gesucht.

AUF DER TRAININGSFÄHRTE

Die Trainingsfährte ist gelegt. Frühestens nach ca. 20 Minuten (oder je nach Trainingsziel bis zu 3 Stunden später) machen sich der Hundeführer und sein Hund fertig für die Sucharbeit. Er bewegt seinen Hund und lässt ihn sich entleeren. Er macht mit seinem Hund Aufwärmübungen. Er vergewissert sich, dass sein Hund keinen Durst hat und dass er genügend Futter dabei hat. Er ruft sich den Verlauf der Fährte ins Gedächtnis.

Ein Hundeführer benötigt: Zeit, Geduld, eine klare Vorstellung eines korrekten Suchverhaltens, eine gute Beobachtungsgabe und ein gutes Gedächtnis. Sie sollten während des Trainings gleichzeitig:

— den genauen Verlauf der Fährte erkennen
— das Verhalten Ihres Hundes beobachten
— den richtigen Abstand zu Ihrem Hund wählen (kann sich im Verlauf der Fährte ändern)

- eventuell das Suchtempo Ihres Hundes beeinflussen
- die Windrichtung beachten (für die Analyse von Fehlverhalten)
- gegebenenfalls Ihren Hund korrigieren, loben oder tadeln und
- die nähere und weitere Umgebung der Fährte im Blick behalten (umherstreunende Hunde, Kaninchen im Feld, ...)

Nach der Sucharbeit überlegen Sie, wo der Hund auf der Trainingsfährte ein ideales Suchverhalten gezeigt hat und wo ein unerwünschtes Verhalten. Bedenken Sie mögliche Gründe für sein Verhalten. Dabei benötigen Sie immer auch die Kenntnis der auf die Fährte einwirkenden Windrichtung. Planen Sie Ihre nächste Trainingsfährte so, dass Ihr Hund voraussichtlich nicht das gleiche unerwünschte Verhalten zeigen wird.

ÜBUNG MACHT DEN MEISTER

Lassen Sie sich, wenn möglich, von erfahrenen Hundeführern begleiten und tauschen Sie sich über Ihre Beobachtungen aus. Ansonsten schleichen sich unbemerkt Fehler in der Ausbildung ein, die, wenn überhaupt, nur mühsam wieder zu korrigieren sind.
Die häufigsten Gründe für ein Fehlverhalten des Hundes im Training sind eine ungeeignete Trainingsfährte und unbedachte Bewertungen des gezeigten Verhaltens des Hundes (z. B. „Der hat heute keine Lust; der weiß schon, was er tun soll!") anstelle korrekter Beobachtungen. Leider bauen auf diesen ungeeigneten Bewertungen dann manchmal nicht sinnvolle Korrekturmaßnahmen auf.

KONZENTRATION UND TEAMARBEIT

Das Absuchen einer Trainingsfährte erfordert die volle Aufmerksamkeit des Hundeführers. Sucharbeit ist Teamarbeit und viele Hunde reagieren auf einen unaufmerksamen Hundeführer ebenfalls mit nachlassender Konzentration.
Nach der Sucharbeit loben Sie Ihren Hund ausgiebig. Machen Sie mit ihm Dehnübungen. Gehen Sie gemeinsam eine kleine Runde spazieren und geben Sie ihm Wasser.

Hier ist es eine Herausforderung, den Fährtenverlauf zu kennen.

Training zu jeder Jahreszeit, hier im Sommer

FALLSTRICKE BEIM FÄHRTELEGEN

Jeder Hundeführer hat beim Legen einer Fährte Vorlieben, wie er die Fährte legt. Sei es, dass er den ersten Winkel fast immer nach rechts legt, oder den Ansatz immer in einem großen Abstand zu einem Weg. Im Training soll Ihr Hund auf Fährten vorbereitet werden, die ein anderer Hundeführer legt. Dieser legt die Fährte anders als Sie. Deshalb müssen Sie im Training immer wieder variieren und darauf achten, dass sich keine vorhersehbaren Gewohnheiten einschleichen. Wenn Sie über folgende Fragen nachdenken, kommen Sie Ihren eigenen Gewohnheiten beim Legen einer Fährte auf die Spur.

Fragen zum Aufspüren unbewusster Regelmäßigkeiten beim Fährtenlegen

- Führt Ihr erster Winkel nach rechts oder nach links? Ist es ein 90°-Winkel oder ein spitzer?
- Wohin legen Sie das Futter und in welchen Abständen? In die linken oder rechten Schuhabdrücke, vorne oder hinten, regelmäßig, usw.?
- Ist Ihre Gestaltung der Schritte immer gleich (z. B. Intensität, Schrittweite,...)?
- Hat Ihre Fährte immer die gleichen Abstände zu Geländegrenzen, Wegen oder Straßen?
- In welche Richtung und wie verlaufen Ihre Geraden? Sind sie immer entlang von Geländelinien (Saatrillen, Bearbeitungsrillen), schräg dazu oder in langgezogenen Schlangenlinien?
- Wo legen Sie Gegenstände ab? In den Schuhabdruck vorne, hinten oder dazwischen; quer, schräg oder in Richtung der Fährte)?
- Wohin legen Sie Winkel? Mitten ins Gelände oder immer nahe am Geländewechsel oder Weg?
- Wie treten Sie Winkel? Mit oder ohne Radius? Verändern Sie Ihre Schrittweise davor oder danach?
- Legen Sie einen Winkel immer vor, nach oder direkt an einer markanten Stelle im Gelände?

Auch wenn Sie Regelmäßigkeiten vermeiden möchten, sollten Sie genau wissen, wo die Fährte verläuft. Steigern Sie die Schwierigkeiten erst, wenn der Hund sicher die bisherigen Fährten sucht. Setzen Sie Futter gezielt zur Unterstützung des Lernprozesses ein.

Intensives Suchen ...

Das Futter wird am Anfang in jeden Tritt gelegt, später unregelmäßiger und mal vorne, mal hinten.

... kurzes Heben des Kopfes ...

... sehr intensive Suche über einen Weg

KORREKTUREN

— *planen, beobachten, reagieren*

ZWISCHEN PLANUNG UND KORREKTUR

Für den Erfolg eines Fährtentrainings sind neben den individuellen Fähigkeiten des Hundes zwei Faktoren maßgeblich: geeignete Trainingsfährten und angemessene Korrekturen. Die Planung und das Legen der Trainingsfährte waren die Themen der vorhergehenden Kapitel. In diesem Kapitel geht es um das Zusammenspiel zwischen Hund und Hundeführer. Zeigt der Hund das gewünschte Verhalten, wird er gelobt. Doch wie kann dann eine sinnvolle Reaktion des Hundeführers aussehen, wenn der Hund unerwünschtes Verhalten zeigt? Welche Korrekturen sind sinnvoll? Um es gleich vorwegzunehmen: Wenn der Trainingsaufbau stimmt und der Hund seinem Leistungsstand entsprechend gefordert wird, sind meistens nur kleinere Korrekturen notwendig. Loben Sie Ihren Hund! Machen Sie es ihm deutlich, wenn er etwas richtig gemacht hat. Er kann nicht von sich aus wissen, was Sie von ihm wollen. Loben Sie ihn immer wieder, wenn er etwas richtig macht. Korrektur ist alles, was der Hundeführer als Reaktion auf ein unerwünschtes Verhalten zeigt, also vom unwilligen Geräusch über eine helfende Zeigegeste bis hin zu einem Blockieren der Leine. Manchmal ist eine Korrekturmaßnahme auch eine veränderte Gestaltung der nächsten Trainingsfährte. Falls Sie die vorigen Kapitel übersprungen haben, finden Sie hier eine Zusammenfassung der Prinzipien eines guten Trainings.

GRUNDSÄTZE DER TRAININGSPLANUNG

Planen Sie Ihre Trainingsfährte so, dass Ihr Hund die Fährte voraussichtlich ohne größere Schwierigkeiten absuchen kann. Es geschieht genügend Unvorhersehbares während des Trainings. Steigern Sie die Schwierigkeiten der Fährte langsam. Lieber eine sehr leichte Fährte als eine häufig zu schwere Fährte. Der Hund soll auf der Fährte ein sicheres Suchverhalten zeigen. Das lernt er am besten mit Trainingsfährten, die ihn nicht überfordern. Ist ein Hund ständig überfordert, neigt er dazu, mehr zu stöbern als zu suchen. Er zeigt dann ein Verhalten, bei dem er ständig rechts und links neben der Fährte

Zu zweit lässt sich manches leichter korrigieren.

schnuppert und nicht zielstrebig der Fährte folgt. Er findet die Fährte zwar, zeigt aber nicht das gewünschte Suchverhalten.

Haben Sie im Training Geduld.
Einer der häufigsten Fehler ist eine zu schnelle Steigerung der Schwierigkeit der Fährte. Vergewissern Sie sich immer wieder, dass Ihr Hund auch verstanden hat, was Sie von ihm wollen. Das ist nicht so einfach, wie es sich liest. Bevor Sie sich über ein Fehlverhalten Ihres Hundes ärgern, überlegen Sie, ob Ihr Hund überhaupt wissen kann, dass Sie das gezeigte Verhalten nicht möchten. Geben Sie Ihrem Hund Zeit zu lernen. Beim Lernen durchläuft Ihr Hund mehrere Lernphasen. Diese sind:

- Neues Verhalten kennenlernen
- Neues Verhalten zeigen
- Neues Verhalten unter unterschiedlichen Bedingungen zeigen
- Neues Verhalten ständig zeigen

Daraus folgt: Zeigt Ihr Hund ein paarmal das gewünschte Verhalten z. B. mit einer geeigneten Hilfe, sollten Sie diese Hilfe nicht gleich wieder abbauen. Ansonsten zeigt sich schnell ein unkorrektes Verhalten, das dann mühsam wieder abtrainiert werden muss. Und sehr wichtig: Sie benötigen eine Vorstellung davon, wie eine korrekte Sucharbeit aussieht und eine genaue Kenntnis des Fährtenverlaufs. Eine Beschreibung des jeweiligen idealen Suchverhaltens finden Sie im Kapitel „Training Schritt für Schritt“.

WENN ES NICHT RUNDLÄUFT

Und trotz aller guter Vorbereitung zeigt der Hund im Training manchmal ein Verhalten, das vom Hundeführer nicht erwünscht ist. Was kann der Hundeführer dann tun? Beobachten Sie zunächst genau den Hund und die Situation, ermitteln Sie dann die vermutlichen Gründe für das Verhalten und erst danach wird der Hund ggfs. korrigiert. Beobachten-Deuten-Reagieren: Dieser Ablauf muss im Training sehr schnell ablaufen. Korrigieren bedeutet im Wesentlichen, dem Hund zu verdeutlichen, was der Hundeführer an Verhalten von ihm erwartet. Diesem Vorgehen folgen auch die Tabellen in diesem Kapitel. Zunächst wird das beobachtete Verhalten geschildert, die beeinflussenden Faktoren benannt und Vermutungen aufgestellt, warum der Hund das jeweilige Fehlverhalten zeigt. Je nach Vermutung werden Korrekturmaßnahmen vorgeschlagen. Führt der Hundeführer die Korrekturvorschläge durch und zeigt der Hund danach das gewünschte Verhalten (manchmal erst nach einer gewissen Umgewöhnungszeit), bestätigt dies die zugrunde liegende Vermutung. Hat die Korrektur keine positiven Auswirkungen auf das Suchverhalten, müssen andere Gründe für das Fehlverhalten angenommen und das Training entsprechend angepasst werden.
Beispiel: Der Hund hebt auf einer Geraden immer wieder den Kopf und schaut sich um. Sie suchen dazu im Kapitel „Auf der Geraden“ die Tabelle „Hund hebt Nase oder Kopf“. Dort finden Sie unter „hebt Nase oder Kopf“ weitere Beobachtungen und Überlegungen zu den vermutlichen Ursachen und geeignete Korrekturen.
Die Korrekturmaßnahmen sind in der Praxis erprobt, können aber je nach Situation, Hund und Hundeführer variiert werden. Wenn Sie selbst neue Korrekturen entwickeln, überlegen Sie immer, wie die Übung aus der Sicht des Hundes aussieht, und ob er dabei auch das lernen kann, was Sie wollen. Meist wird unterschätzt, wie umfangreich die Aufgabe des Hundeführers im Training ist, die sich hinter diesen Begriffen Beobachten-Deuten-Reagieren (Korrigieren) verbirgt. Darum in aller Kürze das Wichtigste zu diesen Begriffen.

Gegenstand liegt unter der Brust des Hundes.

Die Nase ist nicht dicht genug am Boden.

Unruhiges ungestümes Suchen mit hoher Nase

Hier zeigt die Rute ein freudiges, intensives Suchen an.

BEOBACHTEN

Wichtig ist beim Beobachten, dass Sie zunächst nur Ihren Hund und die Situation insgesamt beobachten. Erst im zweiten Schritt wird die Beobachtung gedeutet. Nehmen wir das Verweisen eines Gegenstandes als **Beispiel.** Der Hundeführer ärgert sich, weil sein Hund den Gegenstand nur unwillig verweist. Genau betrachtet ist „unwillig" keine Beobachtung, sondern schon eine Interpretation dessen, was der Hundeführer sieht. Vermutlich beobachtete er, wie sein Hund den Gegenstand sehr langsam verwiesen hat. Wenn er gleich ohne weitere Beobachtungen auf eine Unlust des Hundes schließt, führt das eventuell zu ungeeigneten Erziehungsmaßnahmen. Das langsame Verweisen kann viele Ursachen haben, u. a. Unsicherheit, weil es zum ersten Mal ein Gegenstand ist, der nach einem anderen Menschen riecht (Fremdgegenstand), eine körperliche Überforderung des Hundes durch die Fährte, eine andere Lage des Gegenstandes als gewohnt, ungewohntes Material des Gegenstandes u. v. m. Aber hier befinden wir uns schon im Bereich der Deutung.

Als Hundeführer sollten Sie während des Trainings Folgendes im Blick haben:

— **Die Körpersprache Ihres Hundes und sein Verhalten:** z. B. die Haltung der Rute, der Ohren, des Rumpfes, des

Kopfes, der Nase, Geräusche, die beim Ein- und Ausatmen des Hundes zu hören sind, der Gesamteindruck des Hundes (Erregungszustand, Körperspannung, Hecheln, Sabbern, ...), Ziehen an der Leine, Geschwindigkeit beim Suchen, Abstand der Nase zur Fährte, ...
- **Die Gestaltung der Fährte:** Schrittfolge, Gestaltung des Winkels, Verlauf der Fährte in Bezug auf den umgebenden Boden (Traktorspuren, Bewuchs, Länge der Fährte, ...)
- **Umgebungsbedingungen:** Windrichtung und Windstärke, Trockenheit, Nässe, Frost, Sonneneinstrahlung, Hitze, ...

DEUTEN

Für ein individuelles erfolgreiches Training muss der Hundeführer seinen Hund und sein Verhalten verstehen. Dazu muss er die Körpersprache des Hundes auf der Fährte und die Trainingsfaktoren (Wind, Temperatur, Schrittgestaltung, ...) genau beobachten und deuten können. Er sollte dabei immer bedenken, dass seine Überlegungen über die Gründe des Verhaltens seines Hundes nur Vermutungen sind.
Er sollte sie durch das weitere Training überprüfen und gegebenenfalls korrigieren. Ist der Hundeführer im oben beschriebenen Beispiel der Meinung, dass Fremdgegenstände der Grund für das langsame Verweisen seines Hundes sind, müsste der Hund bei eigenen Gegenständen schneller verweisen. Tut er das nicht, war die Annahme falsch und es sind neue Überlegungen notwendig.
Zeigt der Hund das langsame Verweisen z. B. nur bei Holzgegenständen, ist er vermutlich unsicher, ob er einen Gegenstand aus Holz überhaupt verweisen soll. Für ihn ist das anscheinend kein Gegenstand.

REAGIEREN/ KORRIGIEREN

Um es gleich vorwegzunehmen: Die häufigste Reaktion auf ein unerwünschtes Verhalten im Training ist eine veränderte Gestaltung der nächsten Trainingsfährte. Und direkt in der Trainingssituation ist das Stehenbleiben des Hundeführers und das Blockieren der Leine manchmal verbunden mit einem Abbruchhörzeichen, z. B. „Nein", und sobald wie möglich einem Lob, meist die angemessenste Reaktion. Neben diesen Korrekturmaßnahmen stehen dem Hundeführer jedoch weitaus mehr Möglichkeiten zur Verfügung, um seinen Hund in seinem Verhalten zu beeinflussen (korrigieren). Dies können sein:
- Lob und Tadel mit der Stimme, unterschiedliche Ausdrucksformen möglich, „Toll", unwilliges Geräusch des Hundeführers
- Abbrechen der Fährte
- Zeigegesten
- Hörzeichen wie „Hinlegen", „Such", ...
- Veränderung des Futters
- ...

Damit auch leise Hörzeichen vom Hund befolgt werden, sollte er generell, nicht nur auf der Fährte, auf Korrekturen des Hundeführers reagieren. Dazu ist ein kontinuierliches Training auch außerhalb der Fährtenarbeit notwendig.
Das Abbruchsignal „Nein". In diesem Buch wird das Hörzeichen „Nein" als Abbruchsignal verwendet. Wird es gegeben, soll der Hund sein Verhalten unterbrechen. Allerdings muss der Hundeführer dem Hund umgehend deutlich machen, was er stattdessen von ihm erwartet. Im Fährtentraining folgt auf ein „Nein" meist ein „Such". „Such" bedeutet: Der Hund soll intensiv mit tiefer Nase die Fährte suchen. Wie jedes Hörzeichen muss der Hund die Bedeutung von „Such" erst lernen und

sicher beherrschen. Erst dann kann er verstehen, welches alternative Verhalten der Hundeführer von ihm erwartet.

WELCHE KORREKTUREN SIND SINNVOLL?

Die einzig sinnvolle Antwort lautet: Es kommt ganz auf den jeweiligen Hund und den Hundeführer an.
Da inzwischen Hunde unterschiedlichster Rassen und Herkunft die Fährtensuche erlernen, muss die Trainingsmethode, also auch die Art und Weise der Korrekturen, dem jeweiligen Hund angepasst werden. Sehr selbstsicheren Hunden sollte man frühzeitig ein sehr genaues Suchen und Arbeiten vermitteln. Bei unsicheren, zögerlichen Hunden dagegen sollte man manchmal auch Ungenauigkeiten in Kauf nehmen, damit der Hund nicht noch mehr verunsichert wird. Dieses Abwägen zwischen Korrigieren oder vorläufigem Nichtkorrigieren, Probleme selbstständig lösen lassen oder helfen ist die Kunst eines erfolgreichen Fährtentrainings.
Was bei dem einen Hund an Korrektur durch den Hundeführer sinnvoll und hilfreich ist, kann bei einem anderen Hund einen gegenteiligen Trainingseffekt bewirken. Hier gilt der Leitspruch: trial and error – Versuch und Irrtum. In der Hundeausbildung ist noch kein Meister vom Himmel gefallen. Denn auch der Hundeführer lernt gemeinsam mit seinem Hund.

ÜBERLEGT HANDELN

Wenn ein Hundeführer seinen Hund korrigieren möchte, sollte dies in einem sehr engen zeitlichen Rahmen geschehen. Zwischen Verhalten und Korrektur sollte nicht mehr als zwei Sekunden liegen, damit der Hund sein Verhalten mit der Korrektur in Verbindung bringen kann. Ansonsten kann es passieren, dass der Hund die Korrekturmaßnahme nicht auf das gerade gezeigte, unerwünschte Verhalten bezieht. Dieser zeitliche Zusammenhang ist generell bei Lob und Tadel wichtig. Wenn ein Hundeführer seinem Hund signalisieren möchte, dass sein Suchverhalten richtig ist, und zu lange mit dem Lob wartet, kann es passieren, dass der Hund gerade im Augenblick des Lobes den Kopf hebt. Und schon ist es geschehen: Das unerwünschte Verhalten wurde gelobt. Eine ähnliche Gefahr besteht, wenn der Hundeführer den Fährtenverlauf nicht genau kennt. Vielleicht sucht der Hund zwei Handbreit neben der Fährte und der Hundeführer hat dies nicht bemerkt und lobt den Hund …
Der Hundeführer trifft im Training ständig Entscheidungen, ob und wann er eingreift, lobt oder tadelt. Dabei kann beim selben Hund je nach Trainingssituation z. B. ein Tadel sinnvoll sein und bei nächster Gelegenheit wäre es kontraproduktiv. Unausweichlich trifft man auch mal falsche Entscheidungen. Deshalb beobachten Sie die Reaktionen Ihres Hundes genau.

Beispiel: Ein Hund verlässt beim Suchen die Fährte und sucht etwa 20 cm neben ihr. Korrigieren oder nicht? Angenommen, der vermutliche Grund für das Verhalten ist eine Wildspur, die er untersuchen will: Dann wäre eine Korrektur durch einen Tadel sinnvoll. Tadelt der Hundeführer seinen Hund nun nicht, wird er vermutlich weiterhin Wildspuren folgen.
Ist der Grund für das Verhalten des Hundes jedoch eine sehr schwere Fährte, dann sollte der Hundeführer seinen Hund eher ermutigen, intensiv weiterzusuchen. Tadelt er ihn, wenn er die Fährte nicht findet, verunsichert dies den Hund, weil er ja konzentriert arbeitet. Wenn der Hundeführer sich zu einem Tadel entschlossen hat und der Hund kehrt umgehend auf die Fährte zurück, war die Vermutung einer Ablenkung richtig. Kehrt er nicht zurück, ist die Fährte entweder zu schwer oder der Hund reagiert auf Tadel ohnehin meist nicht.

☞ ENTSCHEIDUNGEN UND IHRE FOLGEN

Einen kleinen Ausschnitt über die möglichen Folgen einer Entscheidung im Training zeigen die folgenden Tabellen. Je nach Hund sind selbstverständlich weitere Auswirkungen denkbar.

KORRIGIEREN

positive Folgen	negative Folgen
gibt Sicherheit	verunsichert
exakteres Verhalten	Meideverhalten
fördert Lernprozess	lenkt ab
	macht unselbstständig

NICHT KORRIGIEREN

positive Folgen	negative Folgen
fördert Lernprozess	verunsichert
fördert selbstständiges Suchen	behindert Lernprozess
	fördert unerwünschtes Suchverhalten (z. B. Stöbern)

LOBEN

positive Folgen	negative Folgen
gibt Sicherheit	lenkt ab
motiviert	behindert Lernprozess
fördert Lernprozess	fördert unerwünschtes Suchverhalten (z. B. Stöbern)
	oberflächliches Suchen

TADELN

positive Folgen	negative Folgen
exakteres Verhalten	verunsichert
erhöht Konzentration	Meideverhalten
fördert Lernprozess	demotiviert

FUTTER AUF FÄHRTE

positive Folgen	negative Folgen
gibt Sicherheit	lenkt ab
exakteres Verhalten	behindert Lernprozess
intensives Suchen, tiefe Nase	fördert unerwünschtes Suchverhalten (z. B. Stöbern)
erhöht Konzentration	
fördert Lernprozess	
motiviert	
Nase in jedem Tritt	

KEIN FUTTER AUF FÄHRTE

positive Folgen	negative Folgen
fördert Lernprozess	demotiviert
fördert selbstständiges Suchen	fördert unerwünschtes Suchverhalten (z. B. Stöbern)
	oberflächliches Suchen

Intensives Suchen im Suchfeld, lockere Leine, es ist noch Futter im Suchfeld

Bei den folgenden Tabellen finden Sie unter A) Tipps, wie der Hundeführer auf der Fährte reagieren kann und unter B) Anregungen, wie er die nächste Trainingsfährte legen sollte. Bei manchen Fehlverhalten finden Sie nur Vorschläge unter A) oder B). Dies ist beabsichtigt. In den Tabellen finden Sie in der Überschrift zunächst das offensichtlichste Fehlverhalten. In den einzelnen Spalten der Tabelle wird dieses Fehlverhalten durch weitere Faktoren ergänzt. Erst danach finden Sie eine Spalte mit den vermuteten Gründen für das Fehlverhalten und in der letzten Spalte sind mögliche Korrekturmaßnahmen beschrieben. Und dann gibt es noch Verhaltensweisen eines Hundes, die aus dem Rahmen fallen. Mitten auf der Fährte beginnt ein Hund zu fressen oder sich zu schütteln, obwohl das Fell trocken ist. Dies könnten Übersprungshandlungen sein. Weitere Informationen zu diesem Thema finden Sie im Kapitel „Übersprungshandlungen“ Seite 172.

DAS SUCHFELD

☞ UNERWÜNSCHTES VERHALTEN: **HUND SUCHT AUSSERHALB DES SUCHFELDES**

Weitere Beobachtung	Vermutung	Korrektur
Tiefe Nase, konzentriert, nur kurzzeitig außerhalb des Suchfeldes		A) Keine Korrektur, solange er konzentriert sucht.
Entfernt sich immer mehr vom Suchfeld, wird unruhig, hebt eventuell den Kopf	Hund hat den Zusammenhang zwischen der Lage des Futters und den Schuhabdrücken noch nicht verstanden	A) Mit der Leine blockieren, eventuell das Futter zeigen, weiterüben B) Beim Legen des Suchfeldes zuschauen lassen, das steigert die Motivation.
Entfernt sich vom Suchfeld gegen den Wind	Noch nicht genügend Erfahrung mit Wind. Eventuell interessante Gerüche im Wind oder auf dem Boden	A) Mit Leine blockieren, eventuell das Futter zeigen, weiterüben

☞ UNERWÜNSCHTES VERHALTEN: **HUND HEBT IM SUCHFELD DEN KOPF**

Weitere Beobachtung	Vermutung	Korrektur
Keine	Hund hat noch nicht verstanden, dass das Heben des Kopfes unerwünscht ist.	A) Immer wieder loben, wenn der Hund intensiv sucht, „Nein" mit Zeigegeste nach unten, wenn der Hund den Kopf hebt. Sobald der Hund die Nase unten hat und sucht, „Such" sagen und loben (immer wieder)
Schaut umher	Ablenkung durch Menschen, Hunde, ...	A) „Nein" und „Such" B) Nächstes Suchfeld in einer Umgebung mit geringerer Ablenkung legen, Attraktivität des Futters steigern

Weitere Beobachtung	Vermutung	Korrektur
Schaut umher	Nur noch wenig Futter im Suchfeld	A) Möglichst schnell nach weiterer Futteraufnahme Übung beenden oder vom Hund unbemerkt Futter nachstreuen
Nach einiger Zeit des Suchens, eventuell Absinken der Rute, Körperspannung lässt nach	Hund ist müde	A) „Nein" mit Zeigegeste nach unten und „Such", möglichst schnell nach weiterer Futteraufnahme Übung beenden, Hund loben, Hundeführer zeigt ausgeprägt Freude
Wittert in den Wind	Rassebedingtes Suchverhalten, z. B. Jagdhunde, die mit hoher Nase jagen	A) „Nein" mit Zeigegeste nach unten und „Such", immer wieder und Geduld!, Stresssituationen vermeiden, da der Hund sonst verstärkt sein rassebedingtes Verhalten zeigt B) Situation nur in kurzen Einheiten trainieren, zunächst viel Futter auf Fährte legen
Sucht eventuell die Nähe des Hundeführers, Beschwichtigungssignale (Ducken, Lecken des Mauls, ...)	Unsicher oder Stress	A) Loben, Futter zeigen, Stressabbau B) Vermeiden von Stress durch positive Erziehung ohne Druck, Hilfen für den Hund kann eventuell ein anderer Hundeführer geben, bis der Hund verstanden hat, was er tun soll.
Kaut		B) Futterwechsel (funktioniert nicht bei allen Hunden, manche kauen auch die kleinsten Futterbrocken)
Bleibt regungslos stehen	Schmerzen während des Suchens	B) Untersuchung des Hundes, Physiotherapeut oder Arzt
Bleibt regungslos stehen, Vorderpfote eventuell nach vorne angehoben	Vorstehhaltung bei Jagdhunden, wenn sie Wild riechen	A) „Nein", „Such"

☞ WEITERE UNERWÜNSCHTE VERHALTENSWEISEN

Verhaltensweise	Vermutung	Korrektur
Springt hektisch hin und her, hüpft aufgeregt herum	Zu hohes Erregungsniveau	A) Hund beruhigen
	Futter zu wenig attraktiv Futter wird nicht wahrgenommen	B) Futter ändern = Futterparadies

Im Suchfeld mit nicht ganz tiefer Nase

DIE FUTTERAUFNAHME

Futter auf der Fährte ist das Motivationsmittel Nr. 1 in der Fährtenausbildung. Doch häufig ist es auch der Grund für ein Fehlverhalten des Hundes bei der Sucharbeit. Investieren Sie deshalb genügend Zeit und Sorgfalt bei der Auswahl des Belohnungsfutters. Viele Ausbildungsprobleme lassen sich durch die Wahl eines geeigneten Futters leichter lösen. Selbst wenn der Hund ohne Futter intensiv sucht, sollten Sie die Möglichkeit haben, ihn durch eine gezielte Platzierung von Futter im Lernprozess zu unterstützen. Auch wenn Sie die Lieblingsleckerchen Ihres Hundes herausgefunden haben, kann es sein, dass der Hund auf der Fährte vorwärts stürmen möchte, ohne die Leckerli aufzunehmen. Meist sind die Leckerli zunächst zu klein. Der Hund wird durch sie zwar motiviert, gerät aber durch die geringe Größe der Leckerli in immer größere Erregung, weil er sie nicht schnell genug findet. Sind die Leckerli so groß, dass der Hund sie leicht findet, ist der Hund oft weniger aufgeregt. Er kann den größten Teil seiner Aufmerksamkeit auf das Finden der Fährte richten.

OPTISCH UNAUFFÄLLIG

Das Futter sollte sich kaum vom Gelände abheben, damit der Hund nicht lernt, beim Suchen hauptsächlich die Augen einzusetzen. Käsewürfel sind unter diesem Aspekt etwas problematisch. Sie sollten nur in Ausnahmefällen eingesetzt werden, wenn es z. B. kein aus Sicht des Hundes gleichwertiges Ersatzfutter gibt. Wenn Sie Käse verwenden und bemerken, dass Ihr Hund den Käse mit den Augen sucht, verstecken Sie die Würfel etwas im Fersenabschnitt des Schuhabdrucks.

Der Hund soll jedes Futterstück aufnehmen.

WENN HUNDE FUTTER MEIDEN

Auf Futter im Gelände krabbeln manchmal Ameisen, Wespen oder Käfer herum. Manche Hunde meiden das Futter dann oder werden sogar von Wespen oder Ameisen gestochen oder gebissen. Wechseln Sie dann entweder das Futter oder das Gelände. Manche Hunde lassen sich durch Futter nicht motivieren. Wählen Sie dann eine andere Art der Belohnung für Ihren Hund. Eine Ausbildung ohne Futterbestätigung ist möglich, wird aber nicht in diesem Buch beschrieben.

☞ UNERWÜNSCHTES VERHALTEN: **DER HUND NIMMT NICHT DAS GANZE FUTTER AUF**

Weitere Beobachtung	Lage des nicht aufgenommenen Futters	Windrichtung	Vermutung	Korrektur
Nimmt immer wieder den Kopf hoch und wittert			Hund ist zu sehr abgelenkt (andere Hunde, Menschen, ...) Futter nicht attraktiv genug	A) „Nein", Zeigegeste, eventuell „Such" B) Umgebung mit geringerer Ablenkung wählen B) Futter ändern
Nimmt immer wieder den Kopf hoch, läuft hin und her			Hund ist satt oder das Futter schmeckt ihm nicht	B) Futter ändern, Hund sollte zum Training hungrig sein
Tiefe Nase, ruhig, intensiv			Futter ist im Moment unwichtig	B) Attraktivität des Futters steigern, um mehr Ausbildungsmöglichkeiten zu haben
Sehr unruhig, zieht sehr stark			Hund ist zu aufgeregt	A) Hund mit Leine halten und Futter zeigen B) größeres Futter, stärker riechendes Futter verwenden, eventuell auch Futterart ändern
Nimmt bei der Futteraufnahme den Kopf hoch			Hund kaut bei Futteraufnahme, Futter ist eventuell zu groß	B) Futter ändern, z. B. weicheres Futter, bei manchen Hunden ist dieses Verhalten allerdings nicht zu ändern
Hund sucht im Bogen um Futter herum, meidet das Futter			Negatives Erlebnis mit Futter (Ameisenbiss, Käferbefall, ...)	B) Geländewechsel und eventuell Futterwechsel, damit der Hund die Erfahrung vergisst, Geduld!
Tiefe Nase, ruhig, intensiv	Futter auf der dem Wind abgewandten Seite wird verstärkt nicht aufgenommen	Starker Seitenwind	Hund nimmt Futter nicht wahr	A) Futter zeigen B) Schrittbreite verringern

Weitere Beobachtung	Lage des nicht aufgenommenen Futters	Windrichtung	Vermutung	Korrektur
Hund sucht nur rechte oder linke Schuhabdrücke.	Futter wird nur links oder rechts nicht aufgenommen.	Häufig bei Gegen- oder Rückenwind	Hund riecht bei Gegenwind das übernächste Futter frühzeitig.	A) Hund jedes Futter zeigen und deutlich machen, dass er jedes aufnehmen soll. B) Schrittbreite verringern oder Schrittlänge vergrößern, Attraktivität des Futters erhöhen, Futter rechts und links in Schuhabdrücke legen
Farblich unauffälliges Futter wird nicht vollständig aufgenommen.	Futter, das versteckt im Fersenabdruck liegt, wird verstärkt nicht aufgenommen.		Hund sucht Futter mit den Augen, nicht mit der Nase.	B) Größe des Futters ändern.

☞ WEITERE UNERWÜNSCHTE VERHALTENSWEISEN

Verhaltensweise	Windrichtung	Vermutung	Korrektur
Hund läuft zu überlaufenem Futter zurück.	Häufig bei Rückenwind	Suchtempo ist zu schnell im Verhältnis zur Reaktionszeit des Hundes.	A) Suchtempo durch Zug an der Leine verlangsamen, eventuell Hund daran hindern, der Fährte entgegen der Legerichtung zu folgen, auf überlaufenes Futter treten, damit es „weg" ist.
Hund springt höchst aufgeregt von einem Futter zum nächsten.		Hinweis auf einen inneren Konflikt: Der Hund möchte suchen, aber auch Futter aufnehmen. Dabei benötigt er zu viel Aufmerksamkeit, um das Futter zu finden. Dadurch nimmt seine Erregung zu.	B) Oberfläche des Futters vergrößern oder stärker riechendes Futter verwenden.
Futter bewirkt keine erhöhte Motivation für ausgewählte Trainingsziele (z. B. Gegenstandsarbeit)		Fehleinschätzung des Hundeführers, wie attraktiv das Futter für den Hund ist, eventuell auch im Vergleich mit anderem verwendeten Futter.	B) Attraktivität unterschiedlicher Futtersorten genau ermitteln. Der Hund sollte im Training hungrig sein.

DER ANSATZ

☞ UNERWÜNSCHTES VERHALTEN AM ANSATZ

Unerwünschte Verhaltensweise	Weitere Beobachtung	Windrichtung
Hund untersucht Abgangsstab und sucht danach die Fährte.		
Er nimmt zunächst Kopf hoch ...	... und sucht danach den Ansatz ab.	
Er nimmt wiederholt den Kopf hoch ...	... und schaut sich um. ... eventuell Rute deutlich gesenkt.	
Er nimmt wiederholt Kopf hoch, trotz „Nein"		
Er sucht den Ansatz nur kurzzeitig ab.	Er nimmt die Fährte sofort auf, frisst nicht das gesamte Futter am Ansatz, stürmt eventuell vorwärts.	Häufig bei Gegenwin
Der Hund nimmt unverzüglich die Fährte auf, ohne den Ansatz zu untersuchen.		
Der Hund nimmt das Futter am Ansatz nicht auf, ...	... doch er sucht den Ansatz intensiv ab.	

Vermutung	Korrektur
Neugier	A) Zunächst nicht unterbinden B) Erst wenn er dies sehr häufig, intensiv und anhaltend tut, mit einem freundlichen Abbruchsignal unterbinden
Ablenkung	A) „Nein" B) Nächster Ansatz in Umgebung mit geringerer Ablenkung
Mangelnde Motivation	B) Futteränderung
Unsicherheit	A) Futter zeigen. Bei Futteraufnahme loben, mit Zeigegesten helfen.
Er hat „Nein" noch nicht verstanden oder „Nein" hat keine Verhaltensänderung zur Folge.	B) „Nein" außerhalb der Fährte konditionieren, der Hund sollte bei „Nein" sein Verhalten abbrechen.
Der Hund sucht gerne, er hat gelernt, dass es nach dem Ansatz immer geradeaus weitergeht.	A) Hund durch Blockieren der Leine halten, eventuell Futter am Ansatz zeigen. B) Ansatz von der Seite nehmen, sodass der Hund nicht einfach geradeaus der Fährte folgen kann. Die Seite immer wieder wechseln. Eventuell mehr und besonders leckeres Futter in den Ansatz legen oder Futter vergraben. Eventuell zwei Abgangsfelder hintereinanderlegen.
Ausbildung am Ansatz war ungenügend.	B) Trainieren Sie den Ansatz gezielt: z. B. Futter in Ansatz legen, von der Seite an Ansatz heranführen.
Unattraktives Futter	B) Futterwechsel
Hund sucht begeistert	B) Besondere Aufmerksamkeit, ob sich das Verhalten am Ansatz bei den nächsten Fährten ändert, wenn unverändert, dann Futterwechsel.

Unerwünschte Verhaltensweise	Weitere Beobachtung	Windrichtung
Er verlässt den Ansatz in der falschen Richtung, …	… nur sehr zögerliches und unsicheres Suchen.	
Er nimmt die Fährte nicht auf, sucht aber.		
Er zeigt keinerlei Suchverhalten, bleibt stehen, …	… zeigt Beschwichtigungssignale, Panik- und/oder Meideverhalten	

Der Hund wird schräg an den Ansatz geführt, damit er nicht geradeaus stürmt.

Vermutung	Korrektur
Zu schwieriges Gelände, oder zu schwer gelegt.	A) Mit Zeigegesten helfen, eventuell abbrechen. B) Den nächsten Abgang deutlicher treten oder leichteres Gelände wählen. Eventuell den Übergang in die Gerade mit Futter auslegen.
Überforderung	A) Mit Zeigegesten helfen, eventuell abbrechen. B) Nächste Fährte leichter gestalten.
Der Hund ist überfordert, ängstlich oder steht unter Druck. Eventuell hat er negative Erfahrungen auf der Fährte gemacht.	B) Mit viel Futter auf der Fährte, viel Geduld und mit sehr leichten, kurzen Fährten wieder von vorne anfangen. Dem Hund einen schnellen Erfolg ermöglichen.
Manchmal Folge einer sehr zwanghaften Ausbildung	B) Ausbildungsweise überdenken und ändern
Anzeichen einer ernsthaften Erkrankung (z. B. Borreliose, Anaplasmose, ...), Krankheiten, die u. a. eine Wesensveränderung zur Folge haben.	B) Tierarzt aufsuchen

Er muss intensiv den Ansatz untersuchen, um die Fährte aufzunehmen.

DAS SUCHTEMPO

Der Hund soll die Fährte mit einer konstanten Geschwindigkeit absuchen. Er kann schnell oder langsam suchen, hierzu gibt es keine Vorgaben. Das Suchtempo muss dem Suchverhalten und der Reaktionszeit des Hundes angepasst sein. Ansonsten ergeben sich daraus Fehler, z. B. an den Winkeln. Ist ein Hund an einem Winkel zu schnell, wird er diesen eventuell überlaufen und dem Verlauf der Fährte nicht sicher folgen.

☞ UNERWÜNSCHTES VERHALTEN HINSICHTLICH DES SUCHTEMPOS

Suchtempo	Weitere Beobachtung	Ort auf Fährte	Windeinfluss
Sehr schnell	**Der Hund nimmt eventuell nicht das gesamte Futter auf, die Nase ist unten.**		
			Im Gegenwind
		Nur auf schwierigem oder stark bewachsenem Gelände	
	Hund überläuft Winkel, nach 1–2 Schritten sucht er in einem kleinen Bogen zurück zur folgenden Gerade und sucht dort weiter.	Am Winkel	
	Der Hund sucht nicht in Schuhabdrücken rechts-links.		Besonders bei Gegenwind
Wechselnd	**Eventuell leichtes Heben der Nase**	Nach Winkeln und Gegenständen	

Intensives Suchverhalten und gleichmäßiges Suchtempo

Vermutung	Korrektur
Das Futter benötigt zu viel Aufmerksamkeit oder ist nicht motivierend genug.	B) Futterart ändern oder größere Futterbrocken verwenden. Eventuell stärker riechendes Futter einsetzen.
Reaktionszeit zu langsam für Suchtempo	A) Suchtempo durch Halten der Leine verlangsamen
Das nächste Futter wird schon wahrgenommen.	B) Futter eintreten, Futter in Ferse legen, weniger Futter
Futter benötigt zu viel Aufmerksamkeit oder ist nicht motivierend genug.	B) Futterart ändern oder größeres Futter, eventuell stärker riechend
Suchtempo im Verhältnis zur Reaktionszeit des Hundes zu schnell	A) Suchtempo reduzieren
Durch den Wind ist der Fährtenverlauf frühzeitig wahrnehmbar.	A) Futter zeigen B) Futter in Gelände eintreten oder kleine Dosen vergraben
a) Hund hat die Erfahrung gemacht, dass es nach Winkeln und Gegenständen erst mal geradeaus geht. b) keine Motivation vorhanden, intensiv zu suchen.	a) B) Schwierigkeiten kurz nach Winkel oder Gegenständen in Fährte einbauen (z. B. Winkel, Fährtenabriss, Richtungsänderung) b) B) 2. Leine mit 2. Hundeführer, der bremst, Helfer läuft vor dem Winkel so, dass er den Hund nach dem Winkel bremsen kann, kleine Futterdosen nach Winkel vergraben, Futter auf Fährte legen, mehr Futter kurz nach Winkel, attraktives Futter

Suchtempo	Weitere Beobachtung	Ort auf Fährte	Windeinfluss
Wechselnd	**Eventuell leichtes Heben der Nase, nimmt wenig oder kein Futter auf**	Auf einer Geraden	
	Eventuell leichtes Heben der Nase		Bei Gegenwind
	Nach Geländewechsel oder Wegüberquerungen		
		Sobald der Hundeführer die Geschwindigkeit nicht mehr durch die Leine bestimmen kann (spitze Winkel, rechte Winkel)	
Sehr langsam	**Kopf immer wieder heben, Nase höher beim Suchen**		
Hund bleibt stehen	**Keine**		
	Hund schaut nach Hundeführer		
	Hund schaut umher		
	Hund wittert in den Wind.		
		Auf dem Winkel	

Vermutung	Korrektur
Keine große Motivation zu suchen	B) Fährte interessanter machen durch geeignetes Futter, durch abwechslungsreiche Fährtengestaltung, kleine Futterdosen vergraben
	B) Futter eingraben. Fährte nicht gerade, sondern mit leichten Kurven legen. Der Hund muss dann aufmerksamer sein, um dem Verlauf der Fährte genau zu folgen. Immer wieder Futter in die Schritte legen.
Schwierigkeiten beim Einstellen auf Gelände	A) Mit der Leine das Tempo steuern B) Üben
	A) besonders auf konstantes Suchtempo achten, kurze Leine B) Einflussmöglichkeit über Stimme, (vorher!) konditionieren
Geringe Motivation	B) Motivationsfördernde Maßnahmen: Futterwechsel, Spielpausen, ...
Schmerzen? Konditionsmängel	B) Arzt, Konditionstraining
a) Hund ist unsicher b) Zu viel geholfen, c) Fährte zu schwer	a) A) Hund ermuntern, stehen bleiben, evtl. mit Zeigegeste helfen b) A) Hund ermuntern, stehen bleiben c) A) Hund ermuntern B) Schwierigkeit der nächsten Trainingsfährte verringern
a) Demotiviert b) Fährte zu schwierig c) Ablenkung	a) Futteränderung b) Schwierigkeit der nächsten Trainingsfährte senken, eventuell Zeigegeste c) „Nein"
a) Ablenkung durch z. B. Wild b) Rassebedingtes Stressverhalten, weil Fährte zu schwierig	a) A) eventuell Zeigegeste, „Nein" b) A) freundliches „Nein" B) Schwierigkeit der Trainingsfährte senken
a) Zu viel geholfen b) Bei den letzten Trainingsfährten zu stark korrigierend eingegriffen c) Hund ist unsicher	a) A) Hund ermuntern, stehen bleiben b) und c) A) Hund ermuntern, stehen bleiben eventuell mit Zeigegeste helfen a) b) c) B) Schwierigkeit reduzieren, mehr Futter auch kurz hinter Winkel, Winkel mit größerem Radius legen

So soll es aussehen: tiefe Nase, ruhiges, sicheres Suchen, dem Fährtenverlauf genau folgen

AUF DER GERADEN

Das Verlassen der Fährte ist das häufigste Fehlverhalten bei der Sucharbeit. Um als Hundeführer darauf angemessen reagieren zu können, ist es besonders wichtig, genau zu beobachten, an welcher Stelle der Fährte und unter welchen äußeren Bedingungen dieses Fehlverhalten eintritt.

Der Hund muss zunächst lernen, dass er mit seiner Nase die Abdrücke auf dem Boden absuchen soll. Erst wenn dies sicher im Verhalten des Hundes verankert ist, d. h. er sucht zuverlässig mit tiefer Nase, kann man weitere Gründe für das Verlassen der Fährte in Betracht ziehen.

☞ UNERWÜNSCHTES VERHALTEN: HUND SUCHT MIT NASE RECHTS UND LINKS DER SCHRITTFOLGE

Er verlässt mit dem Körper nicht die Fährte (kleiner Hund mit Körper eventuell leicht neben Fährte)

Weitere Beobachtung	Windeinfluss	Vermutung	Korrektur
Hund sucht konstant auf einer Seite (rechts oder links) neben den Schritten, intensives Suchverhalten	Starker Seitenwind, sucht auf Wind abgewandter Seite	Fährtengeruch wird durch Wind verweht	B) Bei Seitenwind vermehrt Futter auf die Fährte legen. Das Futter führt den Hund immer wieder auf Fährte. Üben
Hund sucht konstant auf einer Seite (rechts oder links) neben den Schritten, hebt zeitweise etwas die Nase	Starker Seitenwind, sucht auf Wind zugewandter Seite	Ablenkung durch Geruch aus Windrichtung	A) Eventuell „Nein" bei konstantem seitlichem Abweichen von Fährte, Zeigen
Hund sucht pendelnd mal rechts, mal links der Schritte	Starker böiger Seitenwind		B) Üben, mehr Futter auf Fährte
Hund sucht pendelnd mal rechts, mal links der Schritte, sucht im Bereich um die Fährte herum, Rute zeigt Anstrengung an (z. B. stark gesenkt)		Zu schwierige Schrittgestaltung für die Schwierigkeit des Geländes	B) Schwierigkeit durch Schrittgestaltung eventuell leichter machen
Hund sucht kurz seitlich z. B. Mauseloch, Kaninchenköttel		Hund hat noch nicht verstanden, dass Hundeführer dieses Verhalten nicht möchte.	A) „Nein", „Such"
Auf Geraden schräg zu Geländestrukturen, z. B. Saatrillen		Für Hund schwieriger zu suchen	A) Loben, wenn der Hund gerade genau dem Fährtenverlauf folgt. B) Verstärkt üben, bevorzugt im Mittelteil einer Fährte, sodass der Hund am Anfang und Ende der Fährte ein ideales Suchverhalten zeigen kann. Mehr Futter auf die Fährte legen.

UNERWÜNSCHTES VERHALTEN: **HUND VERLÄSST DIE FÄHRTE AUCH MIT DEM KÖRPER**

Weitere Beobachtung	Windrichtung	Vermutung	Korrektur
Hund sucht im Bereich rund um die Fährte, ohne diese sichtbar aufzunehmen.		Nicht richtig konditioniertes Suchverhalten, eventuell durch ständige leichte oder starke Überforderung	A) Zurück zum Ansatz, Neuansatz B) Suchverhalten neu konditionieren durch leichte Fährten mit viel Futter
		Durch Wettereinflüsse (z. B. Regen, Frost, …) oder nicht deutlich getretene Schritte ist kaum ein Geruchsunterschied zwischen Fährte und umgebendes Gelände für den Hund wahrzunehmen. Dieser kann nur einen ungefähren Bereich erahnen, wo noch Geruchsspuren vorhanden sind. Innerhalb dieses Bereichs pendelt er hin und her.	A) Nur sehr erfahrenen Hund weitersuchen lassen, im Normalfall Fährte abbrechen, wenn möglich am nächsten Gegenstand, Abbruch für den Hund positiv gestalten
Hund sucht nur in kleinem seitlichen Abstand zu den Schritten, er sucht parallel zur Fährte weiter.	Starker Seitenwind	Geruchsverlagerung durch den Wind	B) Mehr Futter auf die Fährte, sodass der Hund lernt, auf dieser zu bleiben. Geduld! Veränderung des Verhaltens dauert eventuell lange.
Hund kreiselt an unterschiedlichen Stellen und nimmt dann wieder die Fährte auf.		Fährte schwierig	A) Leine verkürzen und Aktionsradius des Hundes einschränken, eventuell Problemlöseverhalten trainieren, d. h. bei Problemen soll der Hund stehen bleiben und nur mit der Nase abseits der Fährte suchen. Hund loben, sobald er die Fährte aufnimmt. B) Genaue Schwierigkeit ermitteln und üben
Hund geht gezielt auf etwas zu (Grasbüschel, Essensrest neben der Fährte, ...).		Motivation des Hundes, die Fährte zu suchen, ist geringer als interessantes Objekt außerhalb der Fährte.	A) „Nein", „Such"

☞ UNERWÜNSCHTES VERHALTEN: **HUND HEBT NASE ODER KOPF**

Weitere Beobachtung	Ort auf Fährte	Wind-richtung	Vermutung	Korrektur
Hohe Nase, dreht Nase in Wind			Ablenkung, rassebedingtes Verhalten bei Problemen	A) „Nein", „Such"
Nase deutlich höher …	… bei einfach zu suchenden Fährtenabschnitten		Der Hund ist unkonzentriert, weil Fährtenverlauf leicht zu finden ist, nichts Neues mehr, langweilig.	B) Leichtere Fährtenabschnitte schwieriger gestalten, überraschende Richtungswechsel o. Ä. einbauen. Auch leichte Fährten müssen mit tiefer Nase gesucht werden.
		… im Gegenwind		B) Futter eintreten, in Ferse legen, kleine Dosen verwenden
	… nach längerem Suchen		Müde	B) Konditionsaufbau. Mehr Futter gegen Ende einer Fährte, eventuell eintreten.
			Hund sucht mit Augen. Fährte war zu oft sehr deutlich sichtbar. Futter sichtbar.	B) Futter darf sich farblich nicht vom Gelände abheben. Keine sichtbaren Fährten trainieren.
Der Hund hebt den Kopf und schaut sich um.			Ablenkung durch Menschen, Tiere, … auf und außerhalb der Fährte.	A) „Nein", „Such" oder Fährte zeigen B) Wenn der Hund auf einer Trainingsfährte sehr häufig den Kopf hebt, legen Sie die nächste Trainingsfährte mit weniger Außenreizen. **Futteränderung**

Weitere Beobachtung	Ort auf Fährte	Wind-richtung	Vermutung	Korrektur
Der Hund steht einfach da, kein Suchbemühen.			a) Demotiviert, erschöpft b) Angst vor Fehlern/ Strafe c) Hund gibt auf, nicht ausdauernd beim Probleme lösen d) Innerer Konflikt e) Krank	a) A) Fährte abbrechen mit positivem Erlebnis a) B) Schwierigkeit deutlich mindern, kurze Fährten oder nur Suchfelder b) B) Ausbildungsmethode überdenken c) A) Hund ermuntern weiterzusuchen, eventuell Fährte abbrechen, mit positivem Erlebnis c) B) Schwierigkeit deutlich reduzieren, langsame Konditionssteigerung d) A) Den Hund ermuntern, zu suchen, keinen weiteren Stress erzeugen e) B) Tierarztbesuch

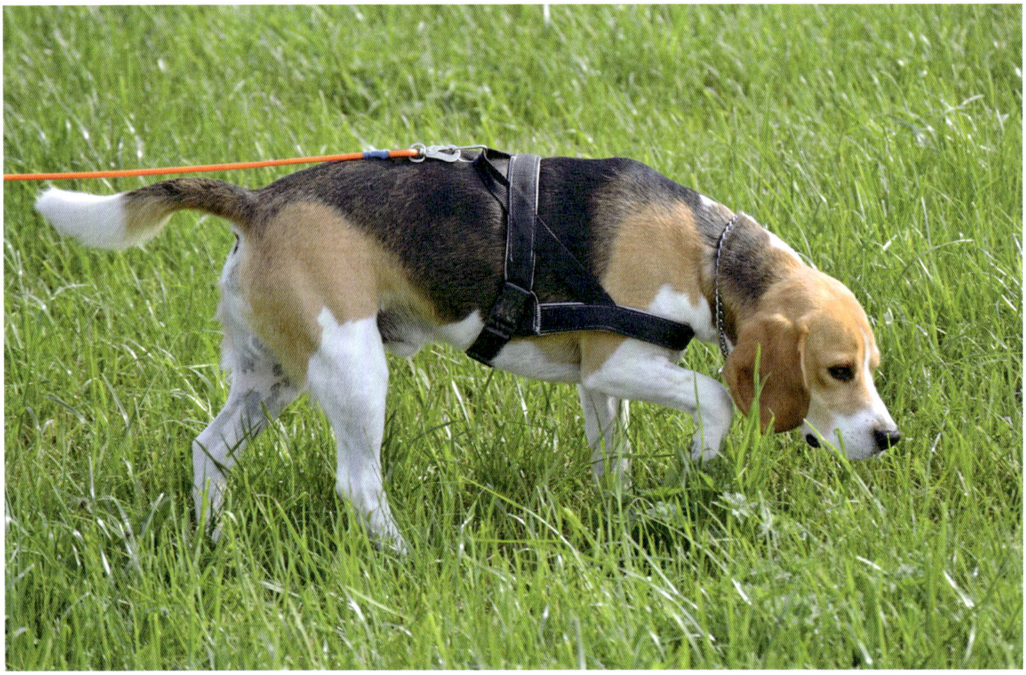

Auch bei hohem Bewuchs: die Nase sollte immer nahe dem Boden sein.

☞ UNERWÜNSCHTES VERHALTEN: **HUND SUCHT NICHT JEDEN SCHRITT AB**

Weitere Beobachtungen	Wind-richtung	Vermutung	Korrektur
Der Hund sucht bei Rechts-Links-Versatz der Schritte nur eine Seite, eventuell wechselt er die Seite.		Futter zu schnell abgebaut	B) Mehr Futter rechts und links zur Steuerung des Suchverhaltens
		Schrittbreite zu schnell vergrößert	B) Schrittbreite wieder so weit verringern, dass der Hund jeden Schritt sucht. Mehr Futter in die einzelnen Schritte. Alternativ Schrittlänge vergrößern
		Bei einigen Trainingsfährten nicht das gesamte Futter aufgenommen	B) Trainingsfährte und Futter so gestalten, dass das gesamte Futter aufgenommen wird
	Gegenwind	Übernächster Schritt wird schon wahrgenommen	B) Schrittbreite verringern, Futter in Boden eintreten, kleine Futterdosen vergraben
Der Hund sucht bei Rechts-Links-Versatz der Schritte konstant nur eine Seite	Seitenwind	Der Hund nimmt durch den Seitenwind die rechten und linken Abdrücke wahr, auch wenn er nicht direkt den Abdruck untersucht; zu wenig Anreiz (Futter) rechte und linke Abdrücke direkt zu untersuchen, der Hund hat noch nicht gelernt, exakt auf der Fährte zu bleiben	B) Futter verstärkt in Schritte rechts und links, unregelmäßig verteilt

Idealerweise soll der Hund mit tiefer Nase suchen. Es gibt auch Hunde, die generell mit etwas höherer Nase suchen. Es wird vermutet, dass für sie der Geruch der Fährte dort am intensivsten ist. Diese Hunde zeigen an keiner Stelle der Fährte ein Suchverhalten mit tiefer Nase, also auch nicht an besonders schwierigen Abschnitten. Dieses Verhalten ist vermutlich kaum abzutrainieren, aber sehr selten. Fast immer ist eine hohe Nase des Hundes das Resultat einer nicht optimalen Ausbildung.

Sichere Winkelsuche auf der Trainingsfährte

DIE WINKEL

Der Hundeführer muss die Lage des Winkels genau kennen. Nur dann kann er das Verhalten seines Hundes analysieren und geeignete Korrekturen vornehmen. Das Futter sollte nicht direkt im Bereich des Winkels liegen, damit die volle Aufmerksamkeit des Hundes dem Suchen des Winkels gilt.

Generell gilt: Hat ein Hund mit einem Winkel Schwierigkeiten, analysieren Sie die Situation. Schrittlänge, Schrittbreite, Windrichtung, Ort im Gelände, Geländeart, …

Zeigt Ihr Hund starke Anzeichen von Unsicherheit, unterstützen Sie ihn u. a. durch Zeigen, Blockieren der Leine sowie Ermuntern und mehr Futter auf der nächsten Fährte.
Reduzieren Sie bei der nächsten Trainingsfährte die Schwierigkeit der Winkel etwas, sodass Ihr Hund die Fährte problemlos beziehungsweise problemloser suchen kann. Legen Sie Wert auf eine exakte Winkelarbeit. Der Hund soll von Anfang an ein ruhiges, sicheres und genaues Suchen des Winkels lernen.

☞ UNERWÜNSCHTES VERHALTEN: **HUND FOLGT NICHT GLEICH DER RICHTUNGSÄNDERUNG AM WINKEL**

Hund sucht über den Winkel weiter geradeaus, bleibt kurz nach dem Winkel stehen, sucht rechts und links (kreist eventuell), findet nach einiger Zeit die nächste Gerade und sucht weiter.

Beobachtung	Wind-richtung	Vermutung	Korrektur
Hund nimmt Kopf hoch, läuft hin und her	Bei allen Wind-richtungen	Winkel zu schwierig, stressbedingtes Verhalten, eventuell rassetypisch	A) Leine blockieren, Aktionsradius einschränken, Zeigegeste, verbal unterstützen B) Schwierigkeit des Winkels vermindern (größerer Radius des Winkels, kleinere Schritt-länge, kleinere Schrittbreite)
Intensives Suchverhalten	Bei allen Wind-richtungen	Winkel zu schwierig, eventuell weil das Suchtempo zu hoch ist	A) Leine blockieren, Aktionsradius einschränken, eventuell Zeigegeste oder verbal unterstützen. Suchtempo reduzieren B) Schwierigkeit des Winkels vermindern (größerer Radius des Winkels, kleinere Schritt-länge, kleinere Schrittbreite)
	Vorwiegend bei Rücken-wind	Winkel zu schwierig, Rückenwind weht den Geruch zunächst weiter hinter den Winkel	A) Leine blockieren, Aktionsradius einschränken, eventuell Zeigegeste oder verbal unterstützen. Üben B) Schwierigkeit des Winkels vermindern, (größerer Radius des Winkels, kleinere Schrittlänge, kleinere Schrittbreite). Rückenwind trainieren
	Vorwiegend bei Seitenwind, Winkel führt z. B. nach links und der Wind kommt von rechts.	Winkel zu schwierig, Seitenwind trägt den Fährtengeruch seitlich weg	A) Leine blockieren, Aktionsradius einschränken, eventuell Zeigegeste oder verbal unterstützen. Üben B) Schwierigkeit des Winkels vermindern (größerer Radius des Winkels, kleinere Schritt-länge, kleinere Schrittbreite), gezielt Seitenwind trainieren, Futter schon kurz nach Winkel und in fast jeden Schritt legen
		Suchtempo im Verhältnis zur Reaktionszeit des Hundes zu schnell	A) Suchtempo vermindern, indem man die Leine gespannt hält. B) Hörzeichen „Langsam" konditionieren, mehr Futter auf die Fährte
Der Hund nimmt kurz vor dem Winkel die Nase oder den Kopf hoch.		Unaufmerksamkeit durch andere Ein-drücke und Reize	A) „Nein", „Such", Leine gespannt halten

☞ UNERWÜNSCHTES VERHALTEN: **HUND SUCHT TROTZ RICHTUNGSÄNDERUNG DER FÄHRTE (WINKEL) WEITER GERADEAUS**

Beobachtung	Wind-richtung	Vermutung	Korrektur
Tiefe Nase, sieht nach intensivem Suchen aus		a) Hundeführer wusste im Training häufig nicht genau, wo der Winkel ist, und hat keine oder ungeeignete Korrekturen vorgenommen. b) Hund findet die Fährte nicht, zeigt dies aber aus Angst vor Strafe nicht an.	a) B) Genaue Kenntnis des Fährtenverlaufs, bei nächsten Fährten Winkel so treten, dass der Hund den Winkel problemlos suchen kann. b) B) Überdenken des Ausbildungsstils, kein Zwang!
Der Hund zeigt nach dem Winkel Zeichen der Unsicherheit (z. B. Zögern, Rute senkt sich, ...), biegt nach rechts oder links ab, sucht im Kreis weiter und biegt auf die nächste Gerade ein, wenn er sie gefunden hat.	Rückenwind, manchmal auch bei Seitenwind	a) Richtungsänderung zu abrupt (zu kleiner Radius) für Leistungsstand des Hundes b) Problemlösestrategie des Hundes, die er sich angewöhnt hat. Er sollte stehen bleiben und zunächst nur mit der Nase die Fährte suchen.	a) A) Leine blockieren, eventuell helfen a) B) Winkel mit größerem Radius und kleinerer Schrittlänge gestalten b) Geeignetes Problemlöseverhalten einüben

WEITERE UNERWÜNSCHTE VERHALTENSWEISEN

Beobachtung	Wind-richtung	Vermutung	Korrektur
Der Hund sucht nicht bis zur Spitze des Winkels, sondern wechselt vorzeitig auf den nächsten Schenkel.	Gegenwind	Hund riecht schon den Verlauf der nächsten Geraden	A) Mit Leine blockieren, unwilliges Geräusch, eventuell Fährte zeigen B) Futter eventuell bis kurz vor den Winkel legen, und dann erst wieder relativ weit hinter den Winkel
Der Hund beschleunigt nach dem Winkel.		Der Hund hat die häufige Erfahrung gemacht, dass die Fährte nach einem Winkel erst einmal geradeaus weitergeht.	A) Blockieren der Leine, „Langsam" (erst wenn das Hörzeichen bereits konditioniert ist) B) Abwechslung in der Gestaltung der Fährten (z. B. Schlangenlinien), kurz nach dem Winkel wieder ein Winkel, oder kurz nach Winkel kleine Futterdosen vergraben, ...
Der Hund zögert kurz nach dem Winkel.		Er hat sich noch kein sicheres Suchverhalten am Winkel angewöhnt, die Winkel sind zu schwer.	A) Mit Stimme ermuntern B) Schwierigkeit der Winkel reduzieren, bis der Hund wiederholt ein sicheres Suchverhalten ohne Zögern zeigt Futter kurz nach dem Winkel auslegen
Er kommt nach dem Winkel zurück.		Unsicheres Suchverhalten	A) Den Hund durch die Körperhaltung blockieren, dicht hinter ihm laufen, eventuell Zeigegeste in die Suchrichtung B) Schwierigkeit der Winkel leichter gestalten, bis der Hund wiederholt ein sicheres Suchverhalten ohne Zögern an den Winkeln zeigt. Vermehrt Futter nach Winkel
Der Hund zögert nach dem Winkel, sucht die folgende Gerade nicht gleich, wenn diese schräg zu Geländestrukturen verläuft.		Im Training zu wenig geübt.	A) Hund ermutigen B) Verstärkt Winkel mit anschließender Gerade schräg zu Geländestrukturen legen. Eventuell Schritte einfacher gestalten. Üben
Er zögert nach dem Winkel, sucht die folgende Gerade nicht sogleich. Der Winkel befindet sich sehr nahe an einem Geländewechsel oder einer Wegüberquerung.		Im Training zu wenig geübt.	A) Hund ermutigen B) Verstärkt diese Situation üben. Eventuell Schwierigkeit der Schritte reduzieren

Korrektes, ruhiges Verweisen. Der Hundeführer zeigt den Gegenstand.

GEGENSTÄNDE VERWEISEN

Der Hund soll die Gegenstände überzeugend verweisen. Was überzeugend bedeutet, ist in der Prüfungsordnung nicht genau beschrieben. Als Fehlverhalten wird daher in diesem Kapitel nur das Verhalten beschrieben, das in der Mehrzahl der Fälle auch als solches bemängelt wird. Wichtig ist auch hier das genaue Beobachten des Hundes und der Umstände. Was sehen Sie? Wie ist u. a. die Windrichtung, die Lage des Gegenstandes oder das Material? Analysieren Sie erst danach das Verhalten.

Es ist leichter, dem Hund das richtige Verweisverhalten mit den geeigneten Hilfen von Anfang an beizubringen, als später ein fehlerhaftes Verweisen zu korrigieren.

Beobachten Sie immer genau die Reaktion Ihres Hundes, wenn Sie ihn korrigieren. Zeigen Sie ihm deutlich, was Sie von ihm erwarten. Lassen Sie ihn nicht verunsichert am Gegenstand stehen. Vermeiden Sie Zwangsmaßnahmen. Sie führen zu Meideverhalten oder unmotiviertem Verweisen.

UNERWÜNSCHTES VERHALTEN: **HUND VERWEIST GEGENSTAND NICHT**

Weitere Beobachtung	Vermutung	Korrektur
Der Hund zeigt keinerlei Reaktion am Gegenstand.	Er hat das Verweisen noch nicht genügend gelernt. Er weiß noch nicht sicher, was von ihm erwartet wird. Zu schneller Abbau der Hilfen.	B) Bringen Sie dem Hund das Verweisen von Anfang an richtig und geduldig bei, eventuell auch außerhalb der Fährte.
	a) Material des Gegenstandes unbekannt. b) Gegenstand einer fremden Person. c) Lage des Gegenstandes außerhalb des Geruchsfeldes. d) Aufmerksamkeit des Hundes zu stark auf die Fährte gerichtet.	a) A) Leine blockieren, Gegenstand zeigen. a) B) Unterschiedlichste Materialien trainieren. b) A) Leine blockieren, Gegenstand zeigen. b) B) Fremdgegenstände trainieren. c) A) Leine blockieren, Gegenstand zeigen. c) B) Unterschiedlichste Lagen trainieren. d) A) Leine blockieren, Gegenstand zeigen. d) B) Verweistraining zunächst vorwiegend bei leichten Fährten.
Der Hund zeigt eine leichte Reaktion (z. B. Zögern), sucht dann aber ohne zu verweisen weiter.	a) Material des Gegenstandes unbekannt. b) Gegenstand einer fremden Person. c) Hund will lieber suchen. d) Hund hat das Verweisen noch nicht verstanden. e) Der Gegenstand ist für den Hund aus unbekannten Gründen kein Gegenstand.	a) A) Leine blockieren, Gegenstand zeigen. a) B) Unterschiedlichste Materialien trainieren. b) A) Leine blockieren, Gegenstand zeigen. b) B) Fremdgegenstände trainieren. c) A) Leine blockieren, Gegenstand zeigen, Verweisen besonders belohnen (z. B. sehr leckeres Futter). d) A) Verweisen noch mal von vorne trainieren mit allen Hilfen. e) Geduld, üben, Gründe aus Sicht des Hundes überlegen
	Unangenehme Erfahrungen in Verbindung mit Verweisen, Meideverhalten.	A) Hund freundlich auffordern, den Gegenstand zu verweisen. Kein Zwang. Hochwertige Belohnung.
	Der Hund ist der Meinung, dass er nur einen Gegenstand, der auch mit Futter belohnt wird, verweisen soll.	Ohne und mit Futter trainieren, Geduld, häufig loben.

☞ WEITERE UNERWÜNSCHTE VERHALTENSWEISEN

Unerwünschte Verhaltensweise	Weitere Beobachtung	Untergrund/ Wind	Vermutung	Korrektur
Unruhiges Verhalten am Gegenstand (besonders im Stehen).			a) Unkoordiniertes Verhalten des Hundeführers. b) Falsche Verweisart für den Hundetyp.	a) A) Bewegungsablauf des Hundeführers üben, schnell belohnen, Futter schon während der Geraden in der Hand halten, keine ruckartigen Bewegungen des Hundeführers, eventuell „Steh" vorher sicher einüben. b) B) Eventuell Verweisart ändern.
Der Hund liegt/ steht/sitzt schräg zum Fährtenverlauf.		Starker seitlicher Wind	Aufgrund des Windes ist der Hund nicht genau auf der Fährte und dreht den Körper beim Verweisen zum Gegenstand.	A) Eventuell generelles Training einer korrekten Verweisposition (abseits der Fährte), sodass der Hund sich eigenständig korrigiert. Seite wechseln, auf der man an den Hund beim Verweisen herantritt. Eventuell über den Hund treten, ein Fuß rechts, ein Fuß links vom Hund (nur wenn dieser dann kein Meideverhalten zeigt).
Sehr schräges Verweisen…	… meist mit Umdrehen zum Hundeführer verbunden.		Der Hundeführer geht immer auf der gleichen Seite zum Hund, wenn er verwiesen hat.	A) Seite wechseln, auf der der Hundeführer an den Hund beim Verweisen herantritt. B) Dem Hund beibringen, den Gegenstand konstant zu fixieren und sich nicht nach dem Hundeführer umzudrehen. Nachteil: Der Hund hat keine Entspannungszeit mehr, er verkrampft leichter.
Zu langsames Verweisen…	… indem er zuerst dem Vorderkörper absenkt und danach das Hinterteil.		Individuelles hundetypisches Hinlegen.	B) Abseits der Fährte überprüfen, wie der Hund sich beim Hörzeichen „Platz" hinlegt. Abseits der Fährte schnelles Hinlegen trainieren (ohne Zwang).
		Besonders bei nassem, „dreckigem" Untergrund	Für den Hund unangenehm.	B) Überprüfen, wie der Hund sich auf „Platz" bei „dreckigem" Untergrund hinlegt. Abseits der Fährte schnelles Hinlegen trainieren (ohne Zwang). Eventuell Verweisart ändern in „Steh" oder „Sitz".

Unerwünschte Verhaltensweise	Weitere Beobachtung	Untergrund/ Wind	Vermutung	Korrektur
Zu großer Abstand zum Gegenstand …		besonders im Gegenwind.	Hund hat die korrekte Position zum Gegenstand noch nicht verstanden. Er riecht den Gegenstand frühzeitig.	A) Bringen Sie den Hund in den richtigen Abstand zum Gegenstand. Nicht die Lage des Gegenstandes ändern! B) Außerhalb der Fährte „Zeig" konditionieren, wobei der Hund selbstständig zum Gegenstand weitersucht und ihn verweist.
	… bei Verweisart „Sitz"		Der Hund zieht beim Hinsetzen die Vorderbeine zu den Hinterläufen und nicht umgekehrt.	B) Verweisart ändern oder Abstand akzeptieren.
Verweisen von nicht existenten Gegenständen oder von Steinen, Maisstoppeln, Plastikteilen, Federn, …			a) Fehlkonditionierung b) Stressreaktion c) Zwangsreaktion	a) A) Ohne konditioniertes Hörzeichen weiterschicken, z. B. aufmunterndes „Na los jetzt". a) B) Desensibilisieren auf Trainingsfährten, bewusst Fährte über Dinge führen, die im Gelände liegen, diese dabei nicht anfassen. Sie nehmen sonst den menschlichen Geruch an. b) B) Stressfaktor ermitteln und desensibilisieren. c) B) Ausbildungsmethode überdenken.
Gegenstand unter Brust, unter Rumpf oder hinter dem Hund.		Starker Rückenwind	Zu hohes Suchtempo im Verhältnis zur Reaktionszeit des Hundes	A) Suchtempo bei Rückenwind durch das Halten der Leine drosseln.
Aufnehmen des Gegenstandes und/oder mit ihm herumspielen.			Stresssymptom, führt zu Spielen mit Gegenstand, eventuell genetisch bedingt	A) „Nein"
Der Hund verändert die Lage des Gegenstandes.				A) „Nein"

Unerwünschte Verhaltensweise	Weitere Beobachtung	Untergrund/ Wind	Vermutung	Korrektur
Selbstständiges Wiederaufnehmen der Fährte				A) Mit der Leine blockieren. Hund wieder in Verweisposition bringen (kein Zwang). Liegen belohnen. Verweisdauer variieren (mal kurz, mal länger). Eventuell dem Hund beibringen, dass er zunächst den Hundeführer anschauen soll, und erst auf „Such" weitersuchen darf. (Dazu z. B. vor den Hund stellen und füttern)
Hund schüttelt sich (nasses Fell oder Übersprungshandlung)			Wetter (Nass!) oder Übersprungshandlung durch Stress	A) keine Korrektur oder freundliches unwilliges Geräusch
Gras fressen ...	... tritt meist in Prüfungen auf		Übersprungshandlung durch Stress	A) „Nein" B) Stressfaktoren ermitteln und desensibilisieren oder Faktoren ausschalten
Der Hund nimmt den Gegenstand auf, gibt ihn aber nicht mehr ab (Disqualifikation).				B) Üben außerhalb der Fährte
Der Hund legt sich ungewöhnlich langsam hin oder dreht sich mehrfach um die eigene Achse oder zeigt andere Verhaltensweisen ...	... beim Hinlegen		Krankheit u. a. des Bewegungsapparates (Arthrose) oder der Genitalien	B) Arztbesuch
Der Hund geht um den Gegenstand herum und sucht weiter.			Unangenehme Erfahrung in Verbindung mit dem Gegenstand, z. B. Ameisenbiss beim Futterfressen, Meideverhalten	A) Gründe ermitteln und vermeiden, an Gegenstand führen und hochwertig belohnen

Der Hund hat die Verleitung wahrgenommen, hat sie kurz untersucht und sucht dann sicher weiter.

DIE VERLEITUNG

Der Hundeführer muss genau wissen, wo und wie die Verleitung gelegt wurde, welche Windrichtung beim Absuchen der Fährte herrscht, wie der Winkel zwischen Verleitung und Fährte ist und welche beeinflussenden Witterungsverhältnisse (Frost, Regen, ...) herrschen. Nur dann kann er beurteilen, was sein Hund schon gelernt hat und was er noch trainieren muss. Verleitungstraining sollte immer wieder wiederholt werden. Lassen Sie sich auch immer wieder Verleitungen durch Helfer legen.

☞ UNERWÜNSCHTES VERHALTEN **BEI VERLEITUNGEN**

Unerwünschtes Verhalten	Vermutung	Korrektur
Der Hund wechselt ohne zu zögern auf die Verleitung.	a) Der Hund hat noch nicht verstanden, was er suchen soll oder was der Unterschied der zwei Spuren ist. b) Der Wind kommt aus der Richtung der Verleitung. c) Die Verleitung ist wesentlich deutlicher wahrzunehmen als die Originalfährte.	a) A) Den Hund mit der Leine blockieren, solange er sucht. Suchen lassen, loben, sobald er die Originalspur aufnimmt. b) B) Üben aller Verleitungsmöglichkeiten. c) A) Mit Zeigegeste helfen. Loben, sobald er die Originalspur aufnimmt. c) B) Zunächst im Gegenwind üben, Schwierigkeit langsam steigern.
Der Hund wechselt auf die Verleitung und sucht auf dieser unruhig weiter.	Der Hund bemerkt, dass sich der Geruch verändert hat, kann aber dieses Problem nicht lösen.	A) Mit der Leine blockieren. Eventuell helfen, wenn der Hund unsicher stehen bleibt. Ansonsten Hund weitersuchen lassen, bis er die Originalfährte wieder aufnimmt und dann loben.
Der Hund geht bis max. 1 m in die Verleitung, dreht dann um und verfolgt die Originalspur weiter.	a) Der Hund hat verstanden, was er tun soll, braucht aber noch zu lange, um sich zu entscheiden. b) Der Hund hat ein ideales Problemlöseverhalten noch nicht gelernt.	a) A) Mit der Leine blockieren, solange der Hund sucht. Suchen lassen, loben, sobald er die Originalspur aufnimmt. b) B) Problemlöseverhalten üben (Hund bleibt stehen, solange er die Kreuzung untersucht).
Der Hund nimmt den Kopf an Kreuzung hoch und schnuppert in den Wind.	Der Hund ist verunsichert.	A) Der Hundeführer sollte seinem Hund helfen, nicht zusätzlich Stress durch Tadel hervorrufen. Sobald der Hund auf der Fährte ist, loben.
Der Hund kreist an der Verleitungskreuzung.	Der Hund ist verunsichert.	A) Der Hundeführer sollte dem Hund helfen, nicht zusätzlich Stress durch Tadel hervorrufen. Sobald der Hund auf der Fährte ist, loben.
Im Training unerwünscht: keinerlei Reaktion auf Verleitung.	Der Hund nimmt die Verleitung nicht wahr, dadurch keinerlei Trainingseffekt.	Nächste Verleitung deutlicher treten.

WEGÜBERQUERUNGEN

Es ist wünschenswert, dass der Hund im Bereich der Wegüberquerung nicht die Nase hochnimmt und einfach darüberläuft. Er soll die Nase nah am Boden haben, sich bemühen, auch im Bereich des Weges eventuell vorhandene Geruchsspuren aufzunehmen und die Fährte nach dem Weg mit weiterhin tiefer Nase wieder aufnehmen.

Wegüberquerung mit konstant tiefer Nase

☞ UNERWÜNSCHTES VERHALTEN **AN WEGÜBERQUERUNGEN**

Unerwünschtes Verhalten	Vermutung	Korrektur
Der Hund wechselt nicht auf die andere Seite, sondern sucht die Fährte immer nur vor dem Weg.	Unerfahren mit Wegüberquerungen	B) Vor dem Weg und im direkten Bereich des Weges jeden Schritt mit Futter auslegen.
Der Hund hebt den Kopf und stellt das Suchen ein, besonders wenn der Weg aus Beton oder Teer ist.	Der Hund hat noch keine Erfahrung, dass die Fährte nach dem Weg weitergeht.	A) Dem Hund die weitere Fährte zeigen. B) Im Bereich des Weges jeden Schritt mit Futter auslegen.
Der Hund hebt den Kopf und geht ohne zu suchen auf die andere Seite des Weges.	Der Hund weiß, dass die Fährte auf der anderen Seite weitergeht, hat aber keinerlei Anreiz, im Bereich der Wegüberquerung zu suchen.	B) Im Bereich des Weges jeden Schritt mit Futter auslegen.
Der Hund verlässt die Fährte und markiert gegebenenfalls.	Der Hund lässt sich durch Gerüche am Weg ablenken (z. B. Urin anderer Hunde).	A) „Nein", „Such"

ÜBERSPRUNGSHANDLUNGEN

Übersprungshandlungen sind Stress- oder Konfliktreaktionen eines Hundes, die man u. a. bei Prüfungen beobachten kann, wie z. B. Grasfressen während der Sucharbeit. Nach Nikolaus Tinbergen ist eine Übersprungshandlung „... ein Verhalten als Ausdruck eines Konfliktes zwischen zwei Instinkten. Deswegen ist die Fortführung des zuvor beobachtbaren Instinktverhaltens zeitweise nicht möglich und stattdessen wird eine Verhaltensweise gezeigt, die aus einem völlig anderen Funktionskreis des Verhaltensrepertoires stammt."
Eine Übersprungshandlung passt demnach nicht zu der bereits gezeigten Handlung. Sie passt in keinen Reiz-Aktions-Zusammenhang. Sie verschafft dem Hund Zeit und eine kurzzeitige Flucht aus dem Konflikt.

Kratzen als mögliche Übersprungshandlung

Übersprungshandlungen während der Fährtenarbeit können sein:

— Fressen während des Suchens
— Schütteln am Gegenstand, auch bei trockenem Wetter
— Hund fordert den Hundeführer zum Spielen auf
— Stehenbleiben während des Suchens und sich kratzen
— ...

GRÜNDE HERAUSFINDEN

Die beschriebenen Handlungen sind allerdings immer mehrdeutig. Beim Schütteln könnte der Grund auch ein nasses Fell sein, und das Kratzen ein Krankheitssymptom. Es ist manchmal schwer zu beurteilen, ob ein Verhalten eine Übersprungshandlung ist oder nicht.
Handelt es sich tatsächlich um eine Übersprungshandlung, ist es meist wenig sinnvoll, sie dem Hund abzugewöhnen. Er wird seinen inneren Konflikt durch eine andere Handlung ausdrücken, die weitaus störender sein kann. Sinnvoller ist es herauszufinden, weshalb sich Ihr Hund in einem Konflikt befindet. Dann können Sie diesen vermeiden.
Am Erfolg versprechendsten ist ein Training, das dem Hund hilft, einen Konflikt mit Selbstvertrauen anzugehen und ein Problem ohne größeren Stress zu lösen.
Zeigt der Hund überwiegend bei Prüfungen Übersprungshandlungen, sollte der Hundeführer eventuell an seinem eigenen inneren Gleichgewicht arbeiten. Vielleicht reagiert der Hund in der Prüfungssituation nur gestresst, weil sein Hundeführer gestresst ist.

Gegenseitiges Vertrauen und eine gute Beziehung zueinander ist Grundlage eines erfolgreichen Fährtentrainings.

FÄHRTENPRÜFUNGEN

— *gemeinsam im Wettbewerb*

PRÜFUNGSORDNUNG

Viele Hundeführer möchten sich, neben dem Training, im Wettkampf mit anderen Teams messen. Dazu gibt es Prüfungen für Fährtenhunde mit unterschiedlichen Prüfungsstufen. Diese sind in der internationalen Prüfungsordnung beschrieben. Die aktuelle Prüfungsordnung finden Sie unter vdh.de oder fci.be. Bei einer Prüfung wird die Leistung des Hundes und des Hundeführers bewertet. Ausgangspunkt der Bewertung sind 100 Punkte. Voraussetzung für alle Prüfungen ist mindestens eine bestandene Begleithundeprüfung. Zum Teil gibt es weitere Bedingungen für einzelne Fährtenprüfungen. Ein Mindestalter des Hundes ist ebenfalls vorgegeben.

ANFORDERUNGEN

Die folgenden Anmerkungen beziehen sich auf die IGP von 2019.
Das geforderte Suchverhalten ist bei allen Prüfungsstufen gleich.
„Der Hund soll mit tiefer Nase die Fährte aufnehmen und dem Verlauf motiviert, mit tiefer Nase, hoher Suchintensität, anhaltend und gleichmäßig folgen. Die Suchgeschwindigkeit ist kein Kriterium, wenn der Hund intensiv und überzeugend arbeitet.“
Diese Kriterien sind zum Teil interpretierbar. Welches Verhalten direkt gefordert ist, ist nicht genau beschrieben.

Prüfungssituation, Anspannung pur bei Hundeführer und Hund

Anforderung	Beobachtbares Verhalten
Tiefe Nase	Nase möglichst nahe am Boden, untersucht jeden Schuhabdruck
Motiviert	Unspezifisch, allgemeine Körperhaltung
Hohe Suchintensität	Unspezifisch, gespannte Körperhaltung
Anhaltend	Keine Unterbrechung in der Suche
Gleichmäßig	Gleichmäßiges Suchtempo über den gesamten Fährtenverlauf, bei sehr unterschiedlichem Gelände mit eventuell wechselndem Schwierigkeitsgrad ist eine Tempoänderung erlaubt
Intensiv	Unspezifisch, siehe hohe Suchintensität
Überzeugend	Unspezifisch

Sie sehen, die IGP ist bei der Beschreibung des Suchverhaltens sehr ungenau, sodass unterschiedliche Bewertungskriterien fast zwangsläufig entstehen. Was bei einem Beagle ein intensives Suchen ist, sieht bei einem Schäferhund eventuell ganz anders aus. Bei manchen Hunden zeigt sich ein intensives Suchen durch ein Senken der Rute, bei anderen äußert sich eine intensive Sucharbeit durch eine hohe Rute. Für Sie als Hundeführer ist es wichtig, die Körpersprache Ihres Hundes deuten zu können.

VON HUNDEVERBÄNDEN DURCHGEFÜHRT

Prüfungen werden von unterschiedlichen Hundeverbänden durchgeführt. Für alle gilt die internationale Prüfungsordnung der FCI. Je nach Hundeverband unterscheiden sich die Anforderungen und Auslegungen der Prüfungsordnung. Erkundigen Sie sich, wenn möglich, bei erfahrenen Hundeführern, was in Ihrem Verband, in dem Sie starten wollen, üblich ist. Je weiter Sie kommen, eventuell bis zu deutschen Meisterschaften oder Weltmeisterschaften, desto mehr werden Sie merken, dass sich die Bewertungen bei überregionalen Prüfungen deutlich von den Bewertungen der Ortsprüfungen unterscheiden. Die Leistungsrichter bewerten strenger und ahnden auch kleinste Fehler mit Punktabzug.

Nach der Fährtenarbeit: Nun folgt die Bewertung.

PRÜFUNGSVORBEREITUNG

Eine Prüfungssituation hat ihre eigenen Gesetze und Anforderungen sowohl an den Hund als auch an den Hundeführer. Darauf gilt es sich vorzubereiten. Wenn Sie keine Prüfung ablegen wollen, können Sie dieses Kapitel einfach auslassen. Oder Sie lesen es und sind danach vielleicht fasziniert von der Herausforderung und wollen es selbst einmal erleben: die Zusammenarbeit mit Ihrem Hund unter Wettkampfbedingungen. Und diese Bedingungen haben es in sich.

Prüfung: Redende Zuschauer, viele Autos mit bellenden Hunden

Der Unterschied einer Prüfungssituation zum Training:

— Der Hundeführer ist meist sehr aufgeregt (auch wenn er es selbst nicht immer wahrnimmt).
— Der Hund ist dadurch eventuell verunsichert oder nervös.
— Der Hundeführer muss sich entsprechend den Vorgaben der Prüfungsordnung verhalten. Es ist genau vorgeschrieben, was er tun beziehungsweise nicht tun darf.
— Der Hundeführer muss sich 10 m hinter dem Hund befinden.
— Am Rand des Geländes halten sich Zuschauer, Autos und Hunde auf.
— Im Gelände befinden sich der Leistungsrichter und eventuell der Fährtenleger (wenn es keine Eigenfährte ist).
— Auf der Fährte liegt keinerlei Futter.
— Das Fährtenschild ist für den Hund fremd.
— Das Gelände ist unbekannt.
— Loben ist nur an wenigen Stellen der Sucharbeit erlaubt.
— Die Gegenstände sind je nach Prüfungsstufe vom Fährtenleger ausgelegt und riechen nach ihm.
— Die Gestaltung und Form der Fährte ist dem Hundeführer unbekannt. Das ist meist ein sehr verunsicherndes Gefühl für den Hundeführer.
— Der Hund muss eventuell einige Stunden im Auto warten, bevor er an die Reihe kommt.
— Bei großen überregionalen Prüfungen übernachten Hund und Hundeführer vor und während der Prüfungstage im Hotel oder in einer Pension.

Trainieren Sie zusammen mit Ihrem Hund jeden dieser Punkte, soweit möglich.

Üben: Korrektes Anmelden

Hund löst sich vom Ansatz, Hundeführer bleibt stehen

IM VORFELD ÜBEN

Konkret bedeutet das:

- Gehen Sie im Training auch 10 m hinter dem Hund.
- Der Hundeführer muss das korrekte, prüfungskonforme Führen des Hundes während der Fährtenarbeit kennen und einüben. Es ist schwerer, als man glaubt. Dabei ist es hilfreich, sich von einen prüfungserfahrenen Hundeführer beobachten zu lassen.
- Der Hund sollte auch längere Passagen korrekt ohne Futter suchen. Das Futter sollte im Training jedoch nie ganz abgebaut werden. Eventuell kann eine Fährte ohne Futter vor der ersten Prüfungsfährte (aber nicht in den Tagen direkt davor) abgesucht werden, damit der Hundeführer das Verhalten seines Hundes unter dieser Bedingung einschätzen kann.
- Trainieren Sie die Prüfungssituation mithilfe anderer Hundeführer oder Helfer: insbesondere Zuschauer, Leistungsrichter und Fährtenleger, Autos am Rand des Fährtengeländes, bellende Hunde usw. Dies ist gerade für allein trainierende Hundeführer wichtig.
- Lassen Sie sich, wenn Sie eine Prüfungsstufe mit einer Fremdfährte (Fährte wird durch einen Fährtenleger getreten) ablegen wollen, von einer erfahrenen Person eine Fährte legen. Sie sollte Prüfungserfahrung neueren Datums haben. Die Art, Fährten zu legen, hat sich in den letzten Jahren ziemlich verändert. Der Fährtenleger muss Ihnen im Training zu jeder Zeit sagen können, wo genau sich die Fährte und die Gegenstände befinden.
- Loben Sie Ihren Hund im Training auf einzelnen Geraden nur noch gelegentlich.
- Entwickeln Sie ein Ritual, das Ihren Hund auf die Sucharbeit einstimmt.
- Ihr Hund sollte einige Stunden entspannt im Auto verbringen und nach einer Vorbereitungsphase konzentriert suchen können.

Der Hundeführer wartet bis zum Erreichen des Leinenendes.

- Üben Sie das Anmelden beim Leistungsrichter zu Beginn der Prüfung.
- Verwenden Sie unterschiedliche Fremdgegenstände, auch ganz neue!

HÄUFIGE FRAGEN

Wann ist ein geeigneter Zeitpunkt, eine Prüfung zu absolvieren?

Der Hund sollte die Prüfungsanforderungen zuverlässig bewältigen können. Da bei einer Prüfung sowohl der Hundeführer als auch der Hund unter Stress stehen, zeigt der Hund bei der Prüfung häufig ein anderes Verhalten als im Training. Der Stress verunsichert viele Hunde und sie zeigen nicht mehr ihre gewohnte Trainingsleistung. Andererseits gibt es Hunde, die in einer Prüfung motivierter suchen als im Training. Sie zeigen bessere Suchleistungen. Welcher Typ Ihr Hund ist, sehen Sie bei Ihrer ersten Prüfung.

Bauen Sie vor einer Prüfung das Futter langsam ab, aber nie ganz. Legen Sie auf manchen Geraden keinerlei Futter und auf den folgenden Geraden wieder vereinzelt Futter aus. Auf der Prüfungsfährte befindet sich kein Futter. Diese Situation sollte Ihr Hund teilweise schon kennen und trotzdem intensiv suchen.

Vor einer Prüfung sollten Sie nur noch leichtere Fährten im Training suchen, damit Ihr Hund sein korrektes Suchverhalten zeigen kann. Erst nach einer Prüfung können neue Anforderungen und Schwierigkeiten in die Trainingsfährten eingebaut werden.

Wann soll der Hund seine letzte Trainingsfährte vor der Prüfung suchen?

Das hängt vom Hund ab. Am besten behalten Sie den gewohnten Abstand zwischen dem Absuchen von Trainingsfährten bei. Behalten Sie auch den gewohnten Tagesablauf mit den Fütterungszeiten bei. Wenn Ihr Hund am Trainingstag kein Futter vor dem Training bekommt, bekommt er auch am Prüfungstag nichts vor der Suche. Bekommt er an Trainingstagen tagsüber sein normales Futter, sollte er es an Prüfungstagen auch bekommen.

Korrektes Anmelden in Grundstellung

VERHALTEN DES HUNDEFÜHRERS

Es wird bei einer Prüfungsfährte nicht nur der Hund bewertet, sondern auch der Hundeführer. Das Verhalten sowohl des Hundes als auch des Hundeführers ist bei einer Prüfung stark reglementiert. Fehlverhalten führt meist zu Punktabzug. Deshalb ist es notwendig, das korrekte Verhalten bei einer Prüfung zu kennen. Sie sollten es vorher üben.
Im Folgenden finden Sie sowohl eine Beschreibung in Stichworten vom geforderten Verhalten des Hundeführers nach der IGP als auch Ergänzungen, die sich in der Praxis bewährt haben.

WAS DEN HUNDEFÜHRER ERWARTET

— Geben Sie Ihrem Hund die Möglichkeit, sich zu bewegen, aufzuwärmen, sich zu entleeren und zu trinken.
— Der Hundeführer meldet sich beim Leistungsrichter mit seinem zur Sucharbeit vorbereiteten Hund (Metallgliederhalsband, eventuell Geschirr angelegt, 10 m Leine ausgerollt). Der Hund befindet sich in Grundstellung neben ihm. Der Hund darf auch an einer kurzen Leine zur Meldung gebracht werden,

muss dann aber suchfertig gemacht werden. Achtung: Kein scharfes Kommando verwenden (Zwang ist untersagt).

- Der Hundeführer nennt seinen Namen und den Namen seines Hundes, ob der Hund die Gegenstände verweist oder aufnimmt und die Prüfungsstufe.
- Eine kurze Leine muss mitgeführt werden, umgehängt oder in einer Tasche.
- Der Hundeführer geht möglichst neben seinem Hund zum Ansatzschild, gibt ein Hörzeichen „Such“. Sein Hund beginnt, den Ansatz abzusuchen.
- Der Hundeführer bleibt so lange stehen, bis er das Ende der 10 m Leine in der Hand hat. Erst dann darf er seinem Hund folgen.
- Jegliche Hilfen durch den Hundeführer (Zeigegesten, Körperbewegungen, auf die Leine treten, …) sind nicht erlaubt.
- Auch im Winkelbereich muss der Hundeführer 10 m Abstand zum Hund einhalten. Er darf dabei auch die Fährte verlassen und einen Bogen laufen. Dies jedoch erst, wenn sein Hund sich sicher auf der folgenden Gerade befindet.
- Verweist der Hund einen Gegenstand, lässt der Hundeführer die Leine fallen und geht zu seinem Hund. Ob an dessen rechte Seite oder linke Seite, ist nicht vorgeschrieben.
- Er nimmt den Gegenstand in die Hand, hält ihn hoch, steckt ihn in eine Jacken-/Hosentasche, schaut zum Leistungsrichter und wartet auf ein Zeichen des Leistungsrichters, dass er die Sucharbeit fortsetzen kann. Er kann den Hund vor oder nach dem Zeigen des Gegenstandes loben oder streicheln. Dieser darf seine Position dabei nicht verlassen.
- Er stellt sich neben seinen Hund, nimmt die Leine in die Hand, wartet kurz und gibt das Hörzeichen „Such“.
- Der Hundeführer bleibt so lange stehen, bis der Hund wieder 10 m Abstand zu ihm hat, d. h., bis er das Leinenende in der Hand hält und nicht mehr verkürzt!
- Der Hundeführer muss seinem Hund immer folgen, auch wenn dieser die Fährte verlässt. Hält er ihn zurück, wird er vom Leistungsrichter ermahnt, seinem Hund zu folgen. Er sollte dies auch tun.
- Hat der Hund den letzten Gegenstand verwiesen und der Hundeführer hat sich beim Leistungsrichter vergewissert, dass das Ende der Fährte erreicht ist, macht der Hundeführer seinem Hund deutlich, dass die Fährtenarbeit beendet ist. Er lobt ihn. Dann geht er mit seinem Hund

Und los geht es: Der Hundeführer bleibt zunächst stehen …

… und folgt am Ende der 10-m-Leine seinem Hund.

zum Leistungsrichter. Er übergibt diesem die gefundenen Gegenstände, während sein Hund in Grundstellung neben ihm sitzt. Er erklärt die Fährtenarbeit für beendet.

- Er nimmt die Bewertung des Leistungsrichters entgegen.
- Erst danach darf er mit seinem Hund spielen oder ihn füttern. Das Futter oder das Spielzeug darf er zuvor nicht auf der Fährte mitführen.
- Nach der Fährtenarbeit muss der Hund die Möglichkeit haben, sich zu bewegen, sich zu entleeren und zu trinken.
- Machen Sie einige Dehnübungen.

WAS NOCH PASSIEREN KANN

Neben diesem generellen Verhalten des Hundeführers bei einer Prüfung gibt es viele Situationen, in denen ein Hundeführer sich schon vorher über das korrekte Verhalten informiert haben sollte. Es ist sinnvoll, dieses Verhalten einzuüben. Hier eine kleine Übersicht über mögliche Situationen und das korrekte Verhalten des Hundeführers.

Situation	Korrektes Verhalten
Verhalten, wenn Wild im Gelände erscheint	„Platz". Hörzeichen erlaubt, nach einiger Zeit weitersuchen.
Hund verheddert sich in der Leine	Erlaubnis von Leistungsrichter einholen, Hund befreien, Hörzeichen möglich, die Leine jedoch nicht in der Nähe des Hundes aufnehmen, sondern am Leinenende
Hund kommt dem Hundeführer auf der Fährte entgegen	Stehen bleiben, auf keinen Fall Leine verkürzen
Hund geht am Ansatz nicht los	2. Hörzeichen, gibt aber Punktabzug

Prüfungssituation: Im Gelände sind: Hund, Hundeführer, Leistungsrichter und Fährtenleger.

Im Zweifelsfall helfen Sie Ihrem Hund auf der Fährte. Auch wenn Sie die Prüfung eventuell nicht bestehen, ist es für Ihren Hund besser, wenn er Hilfe bekommt, anstatt in der Prüfungssituation verunsichert zu werden, weil sein Hundeführer in Problemsituationen nichts mehr tut oder sagt. Meistens toleriert es der Leistungsrichter, wenn der Hundeführer seinem Hund Hörzeichen gibt und zieht ein paar Punkte für eine unerlaubte Hilfestellung ab.
Und dann gibt es unzählige Möglichkeiten, sich unbeabsichtigt, und manchmal auch ohne dass man es merkt, falsch zu verhalten. Häufig führen folgende Verhaltensweisen zu Punktabzug.

FEHLVERHALTEN DES HUNDEFÜHRERS

— Zu kurzes Warten beim Wiederansatz am Gegenstand
— Nicht Warten bei Wiederansatz nach Aufnahme des Gegenstands auf Zeichen des Leistungsrichters
— Hund verweist und Hundeführer läuft auf der am Boden liegenden Leine nach vorne
— Loben des Hundes am Winkel
— Blockieren des Hundes durch die Körperhaltung beim Verweisen
— Jegliche Art von Zeigegesten auf der Fährte oder am Gegenstand
— Hundeführer folgt nicht dem Hund (z. B. wenn er der Verleitung folgt), sondern blockiert die Leine. Darauf folgt die Ermahnung durch den Leistungsrichter, dem Hund zu folgen. Folgt der Hundeführer dieser Anweisung nicht, bricht der Leistungsrichter die Sucharbeit ab.
— Verkürzen der Leine, d. h., der Hundeführer hält die Leine nicht mehr am Ende, sondern weiter vorn. Manchmal tut er dies ohne es selbst zu bemerken. Es wird ebenfalls häufig als Verkürzen der Leine gewertet, wenn diese in ihrer gesamten Länge den Boden berührt, auch wenn der Hundeführer das Leinenende in der Hand hält.
— Leinenruck durch den Hundeführer
— Wiederholtes Hörzeichen „Such“, wenn der Hund nicht mehr weitersucht, erlaubt ist das Hörzeichen am Ansatz und nach jedem Verweisen.

Intensive Sucharbeit vor einem Winkel.

DIE BEWERTUNG

Die Bewertung der Fährte erfolgt durch den Leistungsrichter nach Beendigung der Fährte. Er beschreibt, wie der Hund die einzelnen Teile der Fährte (Geraden, Winkel, Gegenstandarbeit ...) bewältigt, welches Verhalten er gezeigt und welche Fehler er gemacht hat. Er bewertet auch das Verhalten des Hundeführers. War es regelkonform oder nicht? Die maximal erreichbare Punktzahl sind 100 Punkte. Für unterschiedliche Fehler auf der Fährte gibt es einen unterschiedlichen Punktabzug.

Der Leistungsrichter nennt am Ende der Bewertung die erreichte Punktzahl. Die genaue Punkteverteilung ist aus dem Gesagten meist nicht ersichtlich. Je nach Verband werden einzelne Anforderungen der Prüfungsordnung unterschiedlich ausgelegt. Lassen Sie sich nicht entmutigen, wenn der Leistungsrichter manche Dinge anders sieht und bewertet als Sie. Der Hundeführer sollte die Bewertung aufmerksam verfolgen und eventuell daraus Lehren für das weitere Training ziehen.

Und hier geht es genau in die nächste Gerade.

FELIX UND DIE WINKEL

Felix ist so ausgebildet, dass er auch bei starkem Gegenwind den Winkel exakt nimmt und nicht abkürzt. Bei einer Prüfung arbeitet er sich im Gegenwind bis zum Winkel vor und überprüft immer wieder mit der Nase, ob der Winkel schon abgeht (im Gegenwind riecht er ihn ja schon frühzeitig). Erst als er genau am Winkel ist, biegt er ab. Der Leistungsrichter zieht ihm Punkte ab, für nicht zielstrebiges Suchen am Winkel. Der Hundeführer ist aber stolz auf seinen Hund, der den Winkel so exakt ausgearbeitet hat, wie er es ihm beigebracht hat. Näheres zu der Punkteverteilung auf einer Fährte und weitere Bewertungskriterien entnehmen Sie bitte der aktuell gültigen Prüfungsordnung.
Und bei allem Prüfungsstress: Erleben Sie sich und Ihren Hund als Team und lassen Sie sich vom Können Ihres Hundes beeindrucken.

SERVICE

NÜTZLICHE ADRESSEN

Federation Cynologique Internationale (FCI)
FCI Office
Place Albert 1er, 13
BE–6530 Thuin
E-Mail: info@fci.be
www.fci.be/de/

Verband für das Deutsche Hundewesen (VDH) e. V.
Westfalendamm 174
D–44141 Dortmund
Telefon: +49 (0) 231 56 50 0–0
Telefax: +49 (0) 231 59 24–40
E-Mail: info@vdh.de
www.vdh.de
https://www.vdh.de/hundesport/faehrtenhundpruefung/

Österreichischer Kynologenverband (ÖKV)
Siegfried Marcus-Str. 7
A–2362 Biedermannsdorf
Telefon: +43 (0) 22 36 71 06 67
Telefax: +43 (0) 22 36 71 06 67–30
E-Mail: office@oekv.at
www.oekv.at

Schweizerische Kynologische Gesellschaft (SKG)
Sagmattstraße 2
CH–4710 Balsthal
Telefon: +41 (0) 31 306 62 62
Telefax: +41 (0) 31 306 62 60
E-Mail: info@skg.ch
www.skg.ch

LITERATURVERZEICHNIS

Bublak, Angelika Bernadette (2013): **Ausdrucksverhalten von Hunden (Canis familiaris) gegenüber dem Menschen in einem Verhaltenstest und Beschwichtigungssignale in der Hund-Mensch-Kommunikation.** https://edoc.ub.uni-muenchen.de/16177/1/Bublak_Angelika.pdf abgerufen am 14.01.2020

Fallscheer, Ute: **Der Weg zum guten Hundeführer.** Oertel + Spörer 2018

Gansloßer, Udo und Kate Kitchenham: **Beziehung-Erziehung-Bindung.** KOSMOS 2024

Gansloßer, Udo und Kate Kitchenham: **Forschung trifft Hund.** KOSMOS 2012

Gansloßer, Udo: **Kommunikation und Konfliktmanagement,** Ergebnisse aus 10 Jahren Verhaltensstudien. Filander Verlag 2015

Gansloßer, Udo und Petra Krivy: **Verhaltensbiologie für Hundehalter – das Praxisbuch.** KOSMOS 2019

Handelman, Barbara: **Hundeverhalten.** Mimik, Körpersprache und Verständigung. KOSMOS 2010

Harris, Gabrielle: **Seelen berühren: Was Tiere uns Lehren können.** Kima Global Publishers 2017

Hepper, Peter G. und Deborah L. Wells: **How Many Footsteps Do Dogs Need to Determine the Direction of an Odour Trail?** https://academic.oup.com/chemse/article/30/4/291/270231, Chemical Senses, Volume 30, Issue 4, 1 May 2005, Pages 291 – 298 abgerufen am 14.01.2020

Internationale Gebrauchshunde Prüfungsordnung (IGP) für die internationalen Gebrauchshundeprüfungen, internationalen Fährtenhundeprüfungen, internationalen Begleithundeprüfungen, internationalen Stöberprüfungen, internationalen Ausdauerprüfungen der FCI (gültig ab 01.01.2019). http://www.fci.be/de/Gebrauchshunde-58.html abgerufen am 14.01.2020

Köhler, Frauke (2004): **Vergleichende Untersuchungen zur Belastung von Lawinen- und Rettungshunden bei der Lauf- und der Sucharbeit.** https://edoc.ub.uni-muenchen.de/2383/1/Koehler_Frauke.pdf abgerufen am 14.01.2020

Krüger, Melanie und Bernd Föry: **Fährtenausbildung Teil 2.** https://faehrtenarbeit.jimdo.com/f%C3%A4hrtenausbildung/teil-2/ abgerufen am 14.01.2020

Kühnau, Dorothee und Beate Warnat: **Physiotherapie für Hunde.** Cadmos 2019

Rauth-Widmann, Brigitte: **Die Sinne des Hundes.** KOSMOS 2014

Rütter, Martin: **Sprachkurs Hund.** KOSMOS 2022

Schöning, Barbara: **Hundeverhalten: Verhalten verstehen, Körpersprache deuten.** KOSMOS 2008

Seumel, Ulrike: **Marker-Training für Hunde.** KOSMOS 2020

Svartberg, Kenth (2006): **Breed-typical behaviour in dogs – Historical remnants or recent constructs?** in Applied Animal Behaviour Science 96 (2006) 293 – 313. http://www.svartbergs.se/pdf/BreedPersonality.pdf abgerufen 14.01.2020

Tomczak, Michael: **Zitat in working-dog.** Magazin Nr. 2/17

Winkler, Sabine: **So lernt mein Hund.** KOSMOS 2013

DIE AUTORIN

Ute C. Fallscheer ist aktive Hundesportlerin und Ausbilderin im Bereich der Fährtenarbeit. Sie führt seit mehr als 15 Jahren erfolgreich Border Terrier und ist mehrfache bayerische Meisterin IPO FH (blv) und deutsche Meisterin (KfT). Zudem hat sie sich unzählige Male für die VDH- und dhv-Meisterschaften qualifiziert und wiederholt vordere Plätze belegt. Des Weiteren war sie Ersatzstarterin für Deutschland bei der Weltmeisterschaft IPO FH in Jessen.
Ute C. Fallscheer gibt ihre Ausbildungs- und Prüfungserfahrung in Fährtenseminaren für Hunde aller Rassen weiter. Eine positive Resonanz finden außerdem ihre Seminare mit dem Schwerpunkt „Focus Hundeführer", in denen es um die Gestaltung der Hundeführerausbildung geht.
Sie ist Autorin des Buches „Der Weg zum guten Hundeführer". fallscheer-aalen.de

DANK

Dieses Buch wäre nicht möglich gewesen, ohne die Erfahrungen im Fährtentraining mit vielen Hundeführern und ihren Hunden. Danke an Euch alle.
Besonders danken möchte ich meinem Mann Herbert und unserer Tochter Lea, die mich immer ermutigt und tatkräftig unterstützt haben.
Britta Elser, Heike und Uwe Ritthammer sowie Gütha Schwalbach haben unermüdlich meine Manuskriptentwürfe durchgelesen und wertvolle Anregungen gegeben. Danke für Euer konstruktives Feedback.
Und nicht zu vergessen die Hundeführer und ihre Hunde, die sich für das Fotoshooting viel Zeit genommen und dem kalten Wetter getrotzt haben. Danke Andrea, Britta, Daniel, Gloria, Jennifer, Lucia, Sebastian, Sonja, Steffi, Uschi und Uwe, sowie Albert Kortmann, Betty Menzel und Corinne Jacquot-Glüh, die weitere Bilder beigesteuert haben.
Anna, Dein Einsatz als Fotografin wird mir immer in Erinnerung bleiben. Danke.
Unschätzbar wertvoll ist und war die Betreuung meiner Hunde durch Tierheilpraktikerin Heidi Pohl, Markt Einersheim. Danke!

GLOSSAR

Abgang Das ist der Anfang einer Fährte. Dieser ist meist durch einen Stab gekennzeichnet.

Abmelden Bei einer Fährtenhundprüfung erklärt der Hundeführer dem Leistungsrichter gegenüber in Grundstellung die Fährtenarbeit für beendet. Er zeigt die gefundenen Gegenstände.

Absichern Auch wenn der Hundeführer der Meinung ist, dass sein Hund das erwünschte Verhalten erlernt hat, rechnet er nach wie vor mit einem Fehlverhalten und kann dadurch rechtzeitig korrigieren.

Anmelden Bei einer Fährtenhundprüfung nennt der Hundeführer dem Leistungsrichter gegenüber seinen eigenen Namen, den Namen des Hundes und die Prüfungsstufe. Er sagt das Verhalten seines Hundes an den Gegenständen an (Aufnehmen oder Verweisen).

Ansatz Dieser entspricht dem Abgang, dem Anfang der Fährte.

Bestätigen Dies erfolgt innerhalb vom zwei Sekunden, wenn der Hund das gewünschte Verhalten zeigt und der Hundeführer ihm dies kommunizieren will. Dies kann durch Loben, Futtergabe, Spielen etc. geschehen.

Bogen Das ist eine Fährte mit einem halbkreisförmigen Verlauf.

Eigenfährte Sie ist eine vom Hundeführer selbst gelegte Fährte.

Fährtenabriss Das ist eine Unterbrechung der Schrittfolge einer Trainingsfährte, die es dem Hund nicht ermöglicht, dem Verlauf der Fährte ohne zu zögern zu folgen.

Fährtengeruch Er setzt sich aus dem Geruch der Zersetzungsprodukte des betretenen Bodens (zu suchender Geruch) und dem begleitenden Individualgeruch des Fährtenlegers zusammen.

Fährtenleger Eine Person, der die Fährte legt.

FCI, Fédération Cynologique Internationale ist ein kynologischer weltweiter Dachverband

Fremdfährte Sie wird von einer anderen Person als dem Hundeführer gelegt.

Fremdgegenstand Das ist ein Gegenstand, der vorwiegend von einer anderen Person als dem Hundeführer berührt und benutzt wird und auf einer Fremdfährte abgelegt wird.

Gegenstand Das ist ein Objekt, das auf der Fährte abgelegt wird. Der Hund muss diesen Gegenstand finden. Form, Farbe und Abmessungen sind in der Prüfungsordnung festgelegt.

Hundeführer Er führt den Hund bei der Fährtenarbeit.

IGP, Internationale Gebrauchshunde Prüfungsordnung

Konditionierung Das ist ein Ausbildungsprinzip, es gibt die klassische und operante Konditionierung: Ein Reiz wird innerhalb sehr kurzer Zeit mit einem Reiz oder einer Aktion verknüpft. Diese Verknüpfung muss wiederholt und konsequent geschehen.

Kreiseln Der Hund verlässt den exakten Fährtenverlauf bei der Sucharbeit und bewegt sich suchend kreisförmig im Bereich der Fährte.

Leistungsrichter Er bewertet bei Prüfungen die Leistung des Hundes und des Hundeführers

Loben Das Loben des Hundes kann unterschiedliches bedeuten. Spielen, Füttern, freundliches Reden, ... Es muss **aus Sicht des Hundes** positiv für ihn sein.

Motivation Dies ist die Bereitschaft eines Hundes, ein bestimmtes Verhalten zu zeigen.

Prüfung Sie ist eine Veranstaltung, bei der die Leistung eines Hundes und/oder Hundeführers nach einer vorgegebenen Prüfungsordnung bewertet wird.

Prüfungsordnung IGP Dies ist die Internationale Prüfungsordnung der FCI der Gebrauchshunde von 2019.

Schenkel Das ist ein Teil einer Fährte, der gerade verläuft.

Schrittbreite Dies ist der seitliche Versatz vom rechten und linken Schritt zueinander.

Schrittlänge Das ist der Abstand der Schritte zueinander in Richtung der Fährte, z. B. Abstand Schuhspitze rechts zur Schuhspitze links.

Schrittrichtung Das ist die Richtung eines Schrittes in Bezug auf die Richtung der Fährte, meist zeigt die Schrittrichtung leicht seitlich nach außen, weg von der Fährte, beim rechten Schritt seitlich nach rechts vorne und beim linken Schritt seitlich nach links vorne.

Strafe Dies ist eine für den Hund unangenehme Folge einer Handlung oder einer Nichthandlung, z. B. Nichtbeachten, Unterbleiben eines Lobes oder Futtergabe, Blockieren der Leine, mündlicher Tadel, u. a. Eine Strafe darf nie zu einer Beschädigung der guten Beziehung des Hundes zu seinem Hundeführer führen, die Vorgaben des Tierschutzgesetzes sind unbedingt einzuhalten.

Übersprungsreaktion Dies ist eine Reaktion des Hundes auf eine Konfliktsituation. Dabei stammt die Reaktion des Hundes aus einem anderen Wirkungszusammenhang. Bei einer stressreichen Prüfung fängt der Hund beispielsweise plötzlich an, Gras zu fressen.

VDH Das ist der Verband für das Deutsche Hundewesen, Dachorganisation von Rassezuchtverbänden und Hundesportverbänden, Mitglied in der FCI.

Verknüpfen Ein Ereignis wird mit einem dazu zeitlich nahen Ereignis in Verbindung gebracht.

Verleitung Dies ist eine Fährte, die die zu suchende Fährte kreuzt. Im Zusammenhang mit der Prüfungsordnung wird eine Verleitung immer später als die zu suchende Fährte gelegt. Sie darf die zu suchende Fährte nach der IGP nicht unter 60° schneiden.

Verleitungsleger Er legt die Verleitung.

Verweisen Gewünschte Reaktion des Fährtenhundes beim Erreichen eines Gegenstandes. Er kann sich entweder vor dem Gegenstand hinlegen, stehenbleiben oder sich hinsetzen. Eine weitere Art, einen Gegenstand anzuzeigen, ist das Aufnehmen des Gegenstandes.

Winkel Das ist der Verbindungspunkt zweier Schenkel (Geraden), er kann rechtwinklig oder spitz (zwischen 30 und 60°) sein.

REGISTER

A
Abbruchsignal 42 f.
Abgangsmarkierung 56
Anfangsritual 63
Angangsfeld 69 f.
Ansatz 53, 69 f.
Atmen 12
Aufmerksamkeit 27
Aufwärmübungen 20 f.
Ausbildungs-Knowhow 26 ff.
Auslöschung 41
Ausrüstung 54 f.

B
Belohnung, variable 30
Bewertung 184 f.
Blickkontakt 27
Bodenbeschaffenheit 60
Bodenfeuchtigkeit 16
Bodentemperatur 16
Bogen 53, 91 f.
Böttgersuchgeschirr 19, 56

C
Charaktereigenschaften 16 f.
Clickertraining 28 , 98

E
Eigenmotivation 28
Emotionen und Lernen 47
Ende der Fährte 53
Erregungslevel 28 f.
Ersatzobjekte 28
Erwartungshaltung 28 f.
Extinktion 41

F
Fachbegriffe 53
Fährtelegen 16
Fährtenabriss 90
Fährtenanfang 69 f.
Fährtenaufbau 126
Fährtengelände 60 f.
Fährtengeruch 14 f.
Fährtengeschirr 19
Fährtenkreide 57, 123 f.
Fährtenprüfungen 174 ff.
Fährtenskizze 125
Fährtentagebuch 57, 125
Fährtentraining 11 ff.
— Ziel des 51 f.
Fährtenverlauf kennen 121 ff.
Fehlverknüpfungen 39 f., 109
Fremdmotivation 28
Futter 57 ff.
Futteraufnahme, unerwünschtes Verhalten 143 ff.
Futtermotivation 29

G
Gefahren 24
Gegenstände 53
— verweisen 94 ff.
Geistige Fitness 48 f.
Geländeart 16
Geländewechsel 81
Geraden 72 ff.
Gerüche, beeinflussende Faktoren 15
Geruchsempfindlichkeit 12 f.
Geschirr 19, 54 f.
Gesundheitsprobleme erkennen 24
Gesundheitsvorsorge 18 f.
Gewöhnung 44
Grundausrüstung 54 f.
Gummistiefel 56

H
Halbkreis 91 f.
Halsband 19, 54 f.
Hecheln 13
Hilfsmittel 123
Hörzeichen 41
Hundeführer 180 ff.
Hundenase 11 ff.
Hundepersönlichkeit 16 f.
Hunderasse 16 f.

I
Impulskontrolle 45 f.

K
Kennzeichnungsstab 123 f.
Klassische Konditionierung 35
Kommunikation 31 f.
Kondition 115
Konditionierung 35 f.
Kooperation 30
Körperhaltung 18
Körperliche Fitness 48 f.
Körpersprache 33
Korrekturen 132 ff.

L
Leine 54 f., 116 f.
— zweite 56
Leinenlänge 116
Lernen mit fremder Hilfe 98 f.
Lernen mithilfe des Clickertrainings 98
Lob und Tadel 34
Luftfeuchtigkeit 15
Lufttemperaturr 15

M
Motivation 28 f.

N
Nase 11 ff.

O
Operante Konditionierung 36
Orientierungsmöglichkeiten 122

P
Pheromone 13
Physiotherapie 22 f.
Problemlöseverhalten 118 f.
Prüfungsordnung 175 f.
Prüfungsvorbereitung 177 f.

R
Rassetypische Verhaltensweisen 16 f.
Rechtliches 25
Riechen 12 f.
Riechfähigkeit 12
Riechleistung 13 f.
Rückenwind 72
Rutenstellung 17

S
Schenkel 53, 72 ff.
Schnüffeln 13
Schwierigkeitsgrad einer Fährte 113 f.
Selbstbelohnendes Verhalten 28
Sensibilisierung 44
Stress 46 f.
Stretchübungen 20 f.
Suchfeld 64 ff.
Suchgeschirr 54 f.

T
Temperatur 62
Timing 39
Tracking-App 123
Trainingsaufbau 50 ff.
Trainingsausrüstung 56
Trainingsfährten 128 f.
— Checkliste 126 f.
— legen 120 ff.
Trainingsplanung 52

U
Übersprungshandlungen 172
Unerwünschtes Verhalten 140 ff.
— am Ansatz 146 ff.
— auf der Geraden 154 ff.
— beim Gegenstände verweisen 164 ff.
— Suchfeld 140 f.
— Suchtempo 150 ff.
— Verleitung 169 f.
— Wegüberquerungen 171
— Winkel 160 ff.

V
Verhalten des Hundeführers 180 ff.
Verhalten unterbrechen 43
Verknüpfungen 35
— löschen 41
Verleitung 104 ff.
Verstärkerreize 36 ff.
Verweisen 96
Vomeronasalorgan 13

W
Wegüberquerungen 111 f.
Wetter 60 f.
Wind 15, 62, 108
Winkel 53, 82 ff.
Wissenswertes 10 ff.

Z
Zeit 15
Zersetzungsgeruch 15
Zersetzungsgrad 108

BILDNACHWEIS

142 Farbfotos wurden von Anna Auerbach/Kosmos für dieses Buch aufgenommen. Weitere Farbfotos von Ute C. Fallscheer (20: S. 8, 25, 61 alle 4, 73, 80, 81 alle 3, 89 l. 113, 114, 129 u., 135 o. r., 148, 149, 158), Corinne Jacquot-Glüh (2: S. 4, 5), Jennifer Heuß (1: S. 135 o. l.), Mirjam Knauer/privat (1: S. 22), Albert Kortmann (5: S. 45, 85, 92, 129 o., 175), Betty Menzel (1: S. 176), Trio Bildarchiv/ Sabine Mühlich (1: S. 32 r.), Vivien Venzke/ Kosmos (1: S. 172).

Mit 40 Illustrationen von Wolfgang Lang-Graf.

IMPRESSUM

Umschlaggestaltung von Jorge Schmidt/Büro für KommunikationsDesign unter Verwendung von zwei Farbfotos von Anna Auerbach/Kosmos.

Mit 142 Farbfotos und 40 Illustrationen.

Alle Angaben in diesem Buch erfolgen nach bestem Wissen und Gewissen. Sorgfalt bei der Umsetzung ist indes dennoch geboten. Der Verlag und die Autorin übernehmen keinerlei Haftung für Personen-, Sach- oder Vermögensschäden, die aus der Anwendung der vorgestellten Materialien, Methoden oder Informationen entstehen könnten.

Unser gesamtes Programm finden Sie unter **kosmos.de.**
Über Neuigkeiten informieren Sie regelmäßig unsere Newsletter, einfach anmelden unter **kosmos.de/newsletter**

Gedruckt auf chlorfrei gebleichtem Papier

ISBN 978-3-440-16358-0
Redaktion: Alice Rieger
Gestaltungskonzept: Peter Schmidt Group GmbH, Hamburg
Gestaltung und Satz: Claudia Adam Graphik-Design, Darmstadt
Produktion: Nina Renz
Druck und Bindung: Westermann Druck Zwickau GmbH, Zwickau
Printed in Germany/Imprimé en Allemagne

FSC
www.fsc.org
MIX
Papier | Fördert gute Waldnutzung
FSC® C110508